"十三五"普通高等教育规划教材

高分子物理实验

王国成　肖汉文　主编

化学工业出版社
·北京·

《高分子物理实验》的实验内容分为七章，包括聚合物的形态结构、高分子溶液的性质、聚合物的力学性能、聚合物的热性能、聚合物的加工性能、聚合物的电性能以及聚合物乳液的性质，部分实验涉及的常用数据以附录的形式列出。书中每个实验都对实验目的与要求、实验原理、实验仪器与试样、实验步骤、数据处理作了详细的叙述，列出思考题便于加深理解，同时对部分实验还特别列出了注意事项，确保数据准确和仪器安全。

本书适合高分子相关专业的本科生、研究生作为教材使用，也可供高分子材料领域内从事研发、测试等工作的工程技术人员参考。

图书在版编目（CIP）数据

高分子物理实验/王国成，肖汉文主编. —北京：化学工业出版社，2017.7（2025.2重印）

“十三五”普通高等教育规划教材

ISBN 978-7-122-29822-5

Ⅰ.①高… Ⅱ.①王…②肖… Ⅲ.①高聚物物理学-实验-高等学校-教材 Ⅳ.①O631.2-33

中国版本图书馆CIP数据核字（2017）第110028号

责任编辑：甘九林 杨 菁 闫 敏　　文字编辑：林 丹

责任校对：边 涛　　装帧设计：张 辉

出版发行：化学工业出版社（北京市东城区青年湖南街13号 邮政编码100011）

印　　装：北京科印技术咨询服务有限公司数码印刷分部

787mm×1092mm 1/16 印张7½ 字数167千字 2025年2月北京第1版第8次印刷

购书咨询：010-64518888　　售后服务：010-64518899

网　　址：http://www.cip.com.cn

凡购买本书，如有缺损质量问题，本社销售中心负责调换。

定　　价：29.00元

前　言

随着高分子学科和现代测试技术的发展，对高分子结构与性能的探索越来越深入，研究方法、实验手段、仪器设备也在不断改进。基于此，作者根据长期在一线工作的教学和科研实践经验，在《高分子物理实验讲义》的基础上编写成本书，力图将理论与实践紧密结合，通过实验加深对高分子结构与性能关系的理解，掌握高分子物理领域内的一些研究方法与实验技能，了解一些实验方法、手段及仪器的进展及应用。

《高分子物理实验讲义》经过多年使用，在教学实践中受到学生的认可和欢迎，并不断改进和完善。通过对讲义的总结提炼，本书在实验内容的选择上注重与理论课程的紧密结合，包括高分子结构表征、高分子的转变观测以及高分子的性能测试。所选实验内容既涉及很多经典的高分子物理理论及其实验方法，如黏度法测分子量、光学双折射法测取向度、膨胀计法测玻璃化转变温度等，又包含了部分现代测试方法与技术，如扫描电镜观察微观结构、动态力学热分析法测玻璃化转变温度等，同时还有部分更新的实验方法，如密度法测结晶度、聚合物高温蠕变实验等。而且在选取实验内容时，尽量选择价格相对适宜的仪器、试剂和适宜的方法，让所选实验内容能够普遍开设，扩大适用面。

本书分为七章，分别为聚合物的形态结构、聚合物溶液的性质、聚合物的力学性能、聚合物的热性能、聚合物的加工性能、聚合物电性能以及聚合物乳液的性质。聚合物的形态结构主要是观察和表征聚合物凝聚态结构。将利用高分子溶液性质测定聚合物结构的实验项目（如测定分子量及其分布、聚合物的交联度等）都归属在高分子溶液的性质，强调对高分子稀溶液理论的理解与应用。力学性能包括聚合物的拉伸、弯曲、硬度、韧性及蠕变性能的测试。热性能包括对聚合物的玻璃化转变、结晶与熔融等热转变的观测。加工性能主要包括聚合物熔体流动速率、橡胶门尼黏度的测定及毛细管流变仪测定聚合物熔体的流动性能。电性能包括聚合物介电损耗、体积电阻及表面电阻的测定。聚合物乳液的研究与应用越来越广泛，为了适应这一趋势，本书专门收录了三个关于聚合物乳液性质测试的实验项目，作为高分子化学实验中乳液制备实验的延续，可供选择与参考。另外，本书附录中列出了部分实验项目涉及的常用聚合物的一些基本数据，方便学习过程中查阅。

本书每一个实验项目都对实验目的与要求、实验原理、实验仪器与试样、实验步骤、数据处理作了详细的叙述，也列出了思考题便于加深理解，同时对大部分实验还列出了注意事项，保证数据准确和仪器安全。

本书由王国成、肖汉文主编。参加编写人员及写作分工如下：王国成编写第一、三、四、五章及附录，肖汉文编写第二、六章，张全元编写第七章实验二十四，姚丽编写第七章实验二十五、实验二十六，湖北大学材料科学与工程学院高分子物理课程组的其他老师参与了部分实验项目的编写与修订工作；全书由王国成统稿与审定。

本书在编写过程中得到了高分子材料与工程荆楚卓越工程师协同育人计划的支持，在此表示感谢。

由于时间和水平所限，书中难免会有不妥之处，敬请读者批评指正。

编者

高分子物理实验

目 录

第一章 聚合物的形态结构

第二章 高分子溶液的性质

第三章 聚合物的力学性能

第四章 聚合物的热性能

第五章　聚合物的加工性能

第六章　聚合物的电性能

第七章　聚合物乳液的性质

附录　常用聚合物的基本数据

参考文献

第一章 聚合物的形态结构

实验一 偏光显微镜法观察聚合物球晶生长过程

在高分子材料的各种显微分析方法中，最简单的方法是光学显微法。显微镜价格低廉，照片解释较容易，因而应用相当广泛，光学显微镜的极限分辨率约为 0.2μm，相当于最高放大倍数 1000～1500 倍。高分子材料结构剖析的许多内容在该尺寸范围内，例如部分结晶高分子的结晶形态、结晶形成过程和取向等；共混或嵌段、接枝共聚物的区域结构；薄膜和纤维的双折射；复合材料的多相结构以及高分子液晶态的织构等。

光学显微镜测定可以大致分为三步。①样品制备。主要制样方法有热压制膜、溶液浇铸制膜、切片、打磨等，以及为了突出特征结构而进行的某些处理，如复型、崩裂和取向等。②显微技术的选择和应用。几乎所有光学显微技术都可用来研究高分子的结构，包括透射式或反射式的偏光显微镜、圆偏光显微镜、暗场成像技术、散射技术、热台显微镜、双折射测定技术、相差显微镜、微分干涉显微镜、双光束干涉显微镜等。对不同的样品，可根据不同的需要，选择适当的技术。③图像解释。要正确地解释一张高分子的显微结构照片，必须具备两方面知识：一是光学成像原理的知识，了解在样品中光和物质发生什么相互作用；二是有关高分子材料的背景知识。

一、实验目的与要求

1. 熟悉偏光显微镜的构造，掌握偏光显微镜的使用方法。
2. 观察不同结晶温度下得到的球晶形态，估算聚合物球晶大小。
3. 测定聚合物在不同结晶度下晶体的熔点。
4. 测定不同温度下聚合物的球晶生长速度。

二、实验原理

聚合物的结晶受到外界条件影响很大，而结晶聚合物的性能与其结晶形态等有密切的关系，所以对聚合物的结晶形态研究有着很重要的意义。聚合物在不同条件下形成不同的结晶，比如单晶、球晶、纤维晶等，而其中球晶是聚合物结晶时最常见的一种形式。球晶可以长得比较大，直径甚至可以达到厘米数量级。球晶是从一个晶核在三维方向上一齐向外生长而形成的径向对称的结构，由于是各向异性的，就会产生双折射的性质。因此，普通的偏光显微镜就可以对球晶进行观察，因为聚合物球晶在偏光显微镜的正交偏振片之间呈现出特有的黑十字消光图形。

偏光显微镜的最佳分辨率为200nm，有效放大倍数超过500～1000倍，与电子显微镜、X射线衍射法结合可提供较全面的晶体结构信息。

球晶的基本结构单元是具有折叠链结构的片晶，球晶是从一个中心（晶核）在三维方向上一齐向外生长晶体而形成的径向对称的结构，即一个球状聚集体。

光是电磁波，也就是横波，它的传播方向与振动方向垂直。但对于自然光来说，它的振动方向均匀分布，没有任何方向占优势。但是自然光通过反射、折射或选择吸收后，可以转变为只在一个方向上振动的光波，即偏振光。一束自然光经过两片偏振片，如果两个偏振轴相互垂直，光线就无法通过了。光波在各向异性介质中传播时，其传播速度随振动方向不同而变化，折射率值也随之改变，一般都发生双折射，分解成振动方向相互垂直、传播速度不同、折射率不同的两条偏振光，而这两束偏振光通过第二个偏振片时，只有在与第二偏振轴平行方向的光线可以通过，而通过的两束光由于光程差将会发生干涉现象。

在正交偏光显微镜下观察，非晶体聚合物因为其各向同性，没有发生双折射现象，光线被正交的偏振镜阻碍，视场黑暗。球晶会呈现出特有的黑十字消光现象，黑十字的两臂分别平行于两偏振轴的方向，而除了偏振片的振动方向外，其余部分就出现了因折射而产生的光亮。

三、实验仪器与试样

(1) 仪器：奥林巴斯（Olympus）BX51型热台偏光显微镜系统，该系统由三部分组成，即显微镜、热台、电脑。

(2) 试样：聚丙烯（PP）、聚乙烯（HDPE）、聚对苯二甲酸乙二醇酯（PET）等。

四、实验步骤

1. 聚合物的试样制备

(1) 熔融法制备聚合物球晶　首先把已洗干净的载玻片、盖玻片及专用砝码放在恒温熔融炉内，在选定温度（一般比 T_m 高 30℃）下恒温5min，然后把少许聚合物（几毫克）放在载玻片上，并盖上盖玻片，恒温10min使聚合物充分熔融后，压上砝码，轻轻压试样至薄并排去气泡，再恒温5min，在熔融炉有盖子的情况下自然冷却到室温。有时，为了使球晶长得更完整，可在稍低于熔点的温度恒温一定时间再自然冷却至室温。本实验制备PP和PE球晶时，分别在230℃和220℃熔融10min，然后在150℃和

120℃保温 30min（炉温比玻片的实际温度高约 20℃，实验温度为炉温），在不同恒温温度下所得的球晶形态是不同的。

（2）直接切片制备聚合物试样　在要观察的聚合物试样的指定部分用切片机切取厚度约为 10μm 的薄片，放于载玻片上，用盖玻片盖好即可进行观察。为了增加清晰度，消除因切片表面凹凸不平所产生的分散光，可于试样上滴加少量与聚合物折射率相近的液体，如甘油等。

（3）溶液法制备聚合物晶体试样　先把聚合物溶于适当的溶剂中，然后缓慢冷却，吸取几滴溶液，滴在载玻片上，用另一清洁盖玻片盖好，静置于有盖的培养皿中（培养皿放少许溶剂使保持有一定溶剂气氛，防止溶剂挥发过快），让其自行缓慢结晶。或把聚合物溶液注在与其溶剂不相溶的液体表面，让溶剂缓慢挥发后形成膜，然后用玻片把薄膜捞起来进行观察，如把聚癸二酸乙二醇酯溶于 100℃的溴苯中，趁热倒在已预热至 70℃左右的水上，控制一定的冷却速度冷至室温即可。

2. 偏光显微镜调节，检查（即无试样观察）

（1）正交偏光的校正　所谓正交偏光，是指偏光镜的偏振轴与分析镜的偏振轴呈垂直。将分析镜推入镜筒，转动起偏振镜来调节正交偏光。此时，目镜中无光通过，视区全黑。在正常状态下，视区在最黑的位置时，起偏振镜刻线应对准 0°位置。

（2）调节焦距，使物像清晰可见　步骤如下：将欲观察的薄片置于载物台中心，用夹夹紧。从侧面看着镜头，先旋转微调手轮，使它处于中间位置，再转动粗调手轮将镜筒下降使物镜靠近试样玻片，然后在观察试样的同时慢慢上升镜筒，直至看清物体的像，再左右旋动微调手轮使物体的像最清晰。切勿在观察时用粗调手轮调节下降，否则物镜有可能碰到玻片硬物而损坏镜头，特别在高倍时，被观察面（样品面）距离物镜只有 0.2～0.5mm，一不小心就会损坏镜头。

（3）物镜中心调节　偏光显微镜物镜中心与载物台的转轴（中心）应一致，在载物台上放一透明薄片，调节焦距，在薄片上找一小黑点移至目镜十字线中心 O 处，载物台转动 360°，如物镜中心与载物台中心一致，不论载物台如何转动，黑点始终保持原位不动；如物镜中心与载物台中心不一致，那么，载物台转动一周，黑点即离开十字线中心，绕一圆圈，然后回到十字线中心，如图 1-1 所示。

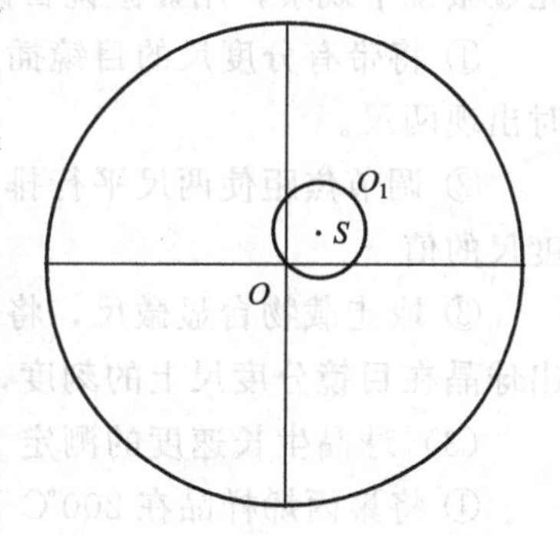

图 1-1　显微镜物镜中心调节

显然十字线中心代表物镜中心，而圆圈的圆心 S 即为载物台中心。中心校正的目的就是要使 O 点与 S 点重合。由于载物台的转轴是固定的，所以只能调节物镜中心位置，将中心校正螺母套在物镜钉头上，转动螺母来校正。具体校正步骤如下。

① 薄片位于载物台，调节焦距，在薄片中任找一黑点，使其位于十字线中心 O 点。

② 转动载物台 180°小黑点移动至 O_1，距十字线中心较远。O_1 等于物镜中心与载物台中心 S 之间距离的两倍，转动物镜上的两个螺母，使小黑点自 O_1 移回 O、O_1 距离的一半。

③ 用手移动薄片，再找小黑点（也可以是第一次的那个黑点），使其位于十字线中

心，转动载物台，小黑点所绕圆圈比第一次小。如此循环，直到移动载物台小黑点在十字线中心不移动。

（4）计算机显示观察实验操作

① 先打开显微镜、冷热台的开关，再开计算机电源开关。

② 双击电脑桌面上的“Linksys”测试软件，连接仪器。

③ 设置文件名、物镜倍数等条件。

④ 将待测样品放入工作台，调节显微镜的工作台旋钮，直至屏幕上显示的图像清晰。

⑤ 设置升温速度、达到温度、滞留时间及拍摄时间间隔。开始测试。

⑥ 测试过程中，升降温时随时调节工作台的旋钮，使图像清晰。

⑦ 测试完毕后，关闭测试软件，取下样品。

3．聚合物试样结晶观察

（1）聚合物的结晶形态观察　聚合物晶体薄片，放在正交偏光显微镜下观察，表面不是光滑的平面，而是有颗粒突起的。这是由于样品的组成和折射率是不同的；折射率愈大，成像的位置愈高；折射率愈低，成像位置愈低。聚合物结晶具有双折射性质，视区有光通过，球晶晶片中的非晶态部分则是光学各向同性，视区全黑。双折射的大小依赖于分子的排列和取向，能观察拉伸引起的分子取向双折射产生的贡献。

① 把聚光镜（拉索透镜）加上，选用高倍物镜（40×，60×）并推入分析镜、勃氏镜。

② 把待测 PET 膜、PP 膜置于载物台，观察消光黑十字、干涉色及一系列消光同心圆环。

③ 将载物台旋转 45°后再观察消光图。

（2）聚合物球晶尺寸的测定　测定聚合物球晶大小，将聚合物晶体薄片放在正交偏光显微镜下观察，用显微镜目镜分度尺测一球晶直径，测定步骤如下。

① 将带有分度尺的目镜插入镜筒内，将载物台显微尺置于载物台上，使视区内同时出现两尺。

② 调节焦距使两尺平行排列、刻度清楚，并使两零点相互重合，即可算出目镜分度尺的值。

③ 取走载物台显微尺，将预测的样品置于载物台视域中心，观察并记录晶型，读出球晶在目镜分度尺上的刻度，即可算出球晶直径大小。

（3）球晶生长速度的测定

① 将聚丙烯样品在 200℃下熔融，然后迅速放在 25℃的热台上，每隔 10min（时间间隔取决于结晶速率的快慢）把球晶的形态拍摄下来，直到球晶的大小不再变化为止。

② 冲洗底片，并进行放大，测量出不同时间球晶的大小，用球晶半径对时间作图，得到球晶生长速度。

（4）不同温度下结晶聚合物晶体熔点的测定

① 预先把电热板调节到 200℃，使聚丙烯充分熔融，然后分别在 20℃、25℃、30℃下结晶。每个结晶样品置于偏光显微镜的热台上加热，观察黑十字开始消失的温度、消失一半的温度和全部消失的温度，记下这三个熔融温度。

② 实验完毕，关掉热台的电源，从显微镜上取下热台。

③ 关闭汞弧灯。

五、数据处理

① 采用显微镜成像系统实时拍摄样品球晶的黑十字消光图，并打印。

② 以球晶直径对样品结晶时间作图，所得直线的斜率即为该温度下球晶的径向生长速率。

③ 记录不同结晶温度下样品的熔融温度。

六、注意事项

1. 一定要联机成功后进入测试程序。

2. 在 Show window 上设置的物镜倍数要与显微镜上的一致。

3. 升温速度不能超过 130℃/min，高温不超过 600℃/min，低温不超过−196℃/min。

七、思考题

1. 聚合物结晶过程有何特点？形态特征如何（包括球晶的大小和分布，球晶边界，球晶的颜色等）？结晶温度对球晶形态有何影响？

2. 利用晶体光学原理解释正交偏光系统聚合物球晶的黑十字消光现象。

3. 聚合物结晶体生长依赖什么条件，在实际生产中如何控制晶体的形态？

实验二　扫描电子显微镜观察聚合物的微观结构

扫描电子显微镜（Scanning Electron Microscope，简称 SEM）是一种观察材料表面微观形貌和分析元素及其含量的非常重要的大型仪器，目前被各种科学研究领域和工业生产部门广泛应用。SEM 有利于研究材料的表面微观形貌、成分或者元素种类及含量对其各种性能的影响，建立宏观性能与微观结构之间的内在联系；通过对该仪器的工作原理、各种功能、仪器结构、操作技能的学习和掌握，能够提高研究人员科研水平，从而促进科学的进步和社会的发展。

一、实验目的与要求

1. 了解扫描电子显微镜的工作原理、仪器结构和各种功能。
2. 掌握仪器的基本操作和数据的相关处理。

二、实验原理

1. 聚焦电子与试样的相互作用

扫描电镜的聚焦电子束轰击试样时，在其表面区域会与原子产生两种相互作用。当高能入射电子与原子核碰撞时，由于二者质量相差太大，因而除电子运动方向发生偏移外，其能量几乎不变，即为弹性散射作用；而当入射电子与原子内核外电子碰撞时，除运动方向发生变化外，其能量也将有所损失，即为非弹性散射作用。扫描电镜入射电子束与试样表面原子发生上述两种相互作用并激发出二次电子、背散射电子、透射电子、俄歇电子以及特征 X 射线等信号物质。

（1）背散射电子　背散射电子是被试样表面的原子核反弹回来的部分入射电子，其中包括弹性背散射电子和非弹性背散射电子。弹性背散射电子是指被原子核所反弹的散射角大于 90°的入射电子，其能量没有损失或极少损失；非弹性背散射电子是入射电子和试样表面的核外电子多次碰撞所反弹的入射电子，不仅运动方向改变，能量也根据碰撞次数有不同程度的损失，因此能量分布范围很宽，从数十电子伏直到数千电子伏。但从总体分析，弹性背散射电子数量占绝大部分。背散射电子来自试样表层以下几百纳米的深度范围，其产额可用 $\pi = KE^{m}$ 表示，式中，K、m 均为与原子序数有关的常数，背散射电子产额随试样原子序数增大而增多。因此，采用背散射电子信号不仅能够分析表面形貌，而且可以显示原子序数的衬度，定性地分析成分。

（2）二次电子　当高能入射电子与试样表面原子核外电子发生非弹性散射作用时，入射电子将能量传递给核外电子，使其获得足够能量后脱离原子核的束缚而逃逸出来的核外电子叫做二次电子。由于原子核和外层价电子间的结合能很小，因此外层价电子比较容易脱离原子束缚而逃逸，使原子发生电离，根据统计学分析，二次电子中 90％来自原子外层的价电子。

二次电子的能量很低（一般低于 50eV），因此仅只有试样表层以下 5～10nm 的深度范围内的二次电子能够逃逸至样品室，因此扫描电镜利用二电子信号所观察的是试样的表面微观形貌。二次电子出射比例为$\delta = N_s/N_i$，式中，N_s为二次电子数量；N_i为入射电子数量。出射系数与入射角α（入射电子和试样表面法线之间的夹角）有很大关系，由$\delta_\alpha = \delta/\cos\alpha$表示。可见，二次电子产额随入射角的增加而增大，并且增加幅度也越来越大，所以试样表面入射角度大的区域如边缘、棱角、尖峰等区域会产生非常多的二次电子，因此，二次电子产额对试样的表面形貌十分敏感，扫描电子显微镜利用二次电子信号能够非常直观有效地显示样品的表面形貌。

（3）特征X射线　当高能电子束轰击试样时，受到试样原子的非弹性散射，将其能量传递给原子而使其中某个内壳层的电子被电离激发而脱离该原子，内壳层上出现一个空位，原子处于不稳定的高能激发态。根据能量的最低原则，在激发后的瞬间（10^{-12}s内）一系列外层电子向内层空轨跃迁以填补内层电子的空缺，促使原子恢复到最低能量的基态，在此转换过程中的能量差以特征X射线和俄歇电子形式释放。X射线辐射是一种量子或者光子组成的粒子流，具有能量。特征X射线能量E与样品原子序数Z存在特定函数关系：$E = A(Z-C)^2$，式中，A和C是与X射线谱线系有关的常数。根据Moseley定律，如果采用X射线探测器检测到试样微区中存在某一种特征能量的X射线，可以判定该微区中存在相应的元素。

2. 工作原理

扫描电子显微镜利用聚焦电子束轰击试样表面，与其发生相互作用从而激发出二次电子、背散射电子和特征X射线三类与样品微观形貌或者成分有关的信号物质，采用相应的探测器收集表达样品表面特征信息的信号，转变成电压信号，经视频放大后输入到显像管栅极，调制与入射电子束同步扫描的显像管亮度，在其荧光屏上便得到了与样品表面的形态相对应的灰度，使电子束在银光屏上的扫描与电子束在样品表面上的扫描同步，在屏幕上便形成了一幅反映样品表面形态的真实图像或者微区成分图谱。

三、实验仪器与试样

（1）仪器：扫描电子显微镜（JSM 6510LV）；能谱仪（EDXA 32）。

（2）试样：粉末、薄膜、聚合物块状物、生物样品（树叶）。

四、实验步骤

1. 样品制备

剪取适当长度导电双面胶粘贴在选择的样品台上，将所需观察的样品牢固地粘接至双面胶表面，根据不同样品做适当处理，如较厚的块状样品需要做表面的导电胶搭接；粉末样品需要采用强力吹进行吹扫处理等。

2. 样品喷金处理

对于导电性差或者根本不导电材料需要进行喷金处理，防止电荷在样品表面积累使得样品放电，导致图像观察不清楚、图像漂移、亮暗条纹出现等画面异常现象，同时也避免高能电子束对样品损伤。采用离子溅射仪对样品表面喷金处理工艺包含喷金电流、时间、惰性气体的循环清洗，根据本设备的说明书载录，当参数设置为$I=20$mA，$t=$

30s时，中心区域覆盖的靶材厚度为8nm。因此，依据近几年的实践操作设置不同样品的技术参数为：$I=20\text{mA}$，$t=40\sim50\text{s}$（半导体）；$I=20\text{mA}$，$t=80\sim100\text{s}$（聚合物）。

3. 样品观测

将处理过的样品放入样品室内，关闭舱门，启动抽真空模式（EVAC）直至样品真空度达到观察要求。当Vacuum Status显示Ready时，静候1～2min后，开启电子枪高压至［HT ON］状态，移动样品台寻找需要观测的样品区域，调整合适的放大倍数、加速电压、电子束斑以及工作距离等仪器参数，调节焦距旋钮、像散XY轴旋钮，直至图像呈现清晰画面，调节图像对比度和亮度，最后点击SCAN 4或者PHOTO启动照相模式进行拍照，选择JPG、PMN等格式进行保存。如果需要采用背散射电子信号观察微区的成分像，将信号源切换到BEIW的Compo、Topo或者Shadow信号，其他步骤同上。

4. 更换样品

关闭电子枪高压至HT OFF状态，启动充气模式（VENT）至对话框出现，此时样品室气压内外一致，打开样品室舱门，更换样品，其他操作步骤如上述3所示。

5. 关机

点击电子枪高压使之由［HT ON］变成［HT OFF］状态，然后关闭SEM主程序，关闭计算机，旋转主机电源钥匙使之由［I］到［O］位置，关掉SEM电源，大约30min关掉循环水系统。

五、数据处理

选择需要的试样区域后，调节各种参数至图像清晰可见，点击SCAN 4或者PHOTO启动照相模式进行拍照，选择JPG、PMN等格式进行保存即可。

六、注意事项

1. 本实验操作中各种仪器参数的调节不到位特别是像散的消除不完全很容易造成图像的不清晰。

2. 样品的导电性差或者导电处理不好也不容易获得好的图像。

七、思考题

1. 为什么扫描电镜可以利用二次电子信号反应试样微区形貌特征?
2. 电镜的固有缺陷有哪几种？像散是怎样产生的?

实验三 密度法测定聚合物的结晶度

高分子材料的密度是表征其物理性质的一个重要参数，它受聚合物的化学结构、形态结构以及高分子材料组成的影响，尤其是结晶性聚合物，密度与表征内部结构规整程度的结晶度有密切关系。密度的测定可用来计算聚合物的结晶度，配合其他实验技术用以探索聚合物的结构和性能特征；可以初步估计高分子材料的类型和质量，计算高分子材料的质量和体积。生产上往往利用密度来计算高分子材料的比强度和体积成本以及控制产品质量。测定密度常见的方法有比重瓶法、浸渍法、浮力法、膨胀计法、密度梯度法以及折射法等。各种方法的测试原理和适应性有所不同，使用的仪器设备、操作难易和精确程度也有差异。

本实验利用浮力法和浸渍法测定的密度，从而计算聚合物的结晶度。

一、实验目的与要求

1. 掌握密度法测定聚合物结晶度的原理与方法。

2. 掌握浮力法和浸渍法测定聚合物密度的原理与方法。

二、实验原理

1. 密度与结晶度

通常测定聚合物结晶度的方法有 X 射线分析法、量热法、红外光谱法以及密度法。密度法测定结晶度的依据是聚合物的两相结构模型，即晶态聚合物内部有且仅有两相——晶区和非晶区。晶区内分子链规整堆砌，非晶区内分子链无规排列，使晶区密度ρ_c大于非晶区密度ρ_a，或晶区比体积V_c小于非晶区比体积V_a。假定其比体积和密度具有加和性，则聚合物的比体积V或密度ρ可表示为：

$$V=X_c^w V_c+(1-X_c^w)V_a \tag{1-1}$$

$$\rho=X_c^v \rho_c+(1-X_c^v)\rho_a \tag{1-2}$$

式中，X_c^w、X_c^v分别表示聚合物的质量结晶度与体积结晶度，即晶态聚合物内晶区重量或体积占总聚合物质量或体积的分数。

$$X_c^w=\frac{V_a-V}{V_a-V_c}=\frac{(1/\rho_a)-(1/\rho)}{(1/\rho_a)-(1/\rho_c)}=\frac{\rho-\rho_a}{\rho_c-\rho_a}\times\frac{\rho_c}{\rho} \tag{1-3}$$

$$X_c^v=\frac{\rho-\rho_a}{\rho_c-\rho_a} \tag{1-4}$$

因此，只需要测定聚合物的密度及从文献中查得晶区密度、非晶区密度，即可计算聚合物的结晶度。其中晶区密度假定与完全结晶试样密度相同，可通过聚合物晶胞结构参数计算，非晶区密度假定与完全非晶试样的密度相同，可根据聚合物熔体密度或比体积对温度作图外推得到。本书附录一中列出了一些常见结晶性聚合物的完全结晶和完全非晶时的密度，可供参考。

需要指出的是，虽然结晶度的概念已沿用很久，但是结晶聚合物中存在不同程度的有序结构，晶区和非晶区的界限并不明确，准确测定晶区的含量比较困难，而且测定结晶度的方法不同，涉及的有序状态也不一样，使得不同方法测定结晶度的结果也不尽相同。因此，报道聚合物结晶度时，应注明测试方法。

2. 密度的测定

直读式相对密度仪是根据高分子材料在液体中的浮力（若聚合物的密度与液体相等时则悬浮在液体当中）和平行力系力矩平衡原理加以设计制造的。其试片相对密度 ρ 与测量机构的转角 α 存在线性关系，即：

$$\rho=\varphi(\alpha) \tag{1-5}$$

浸渍法是根据阿基米德原理用天平称量聚合物在空气和水中的质量。当试样浸没于水中时，其质量小于在空气中的质量，减小值为试样排开水的质量，试样的体积等于排开水的体积。

三、实验仪器与试样

（1）试样：直读式相对密度仪试样可为任意形状，质量范围为 3.5～12g；浸渍法（又称天平法）用试样可为任意形状，质量不小于 1g；试样不应有气泡，表面不应用漆膜、油污或杂质。

（2）仪器：浮力法为相对密度仪，主要结构如图 1-2 所示。

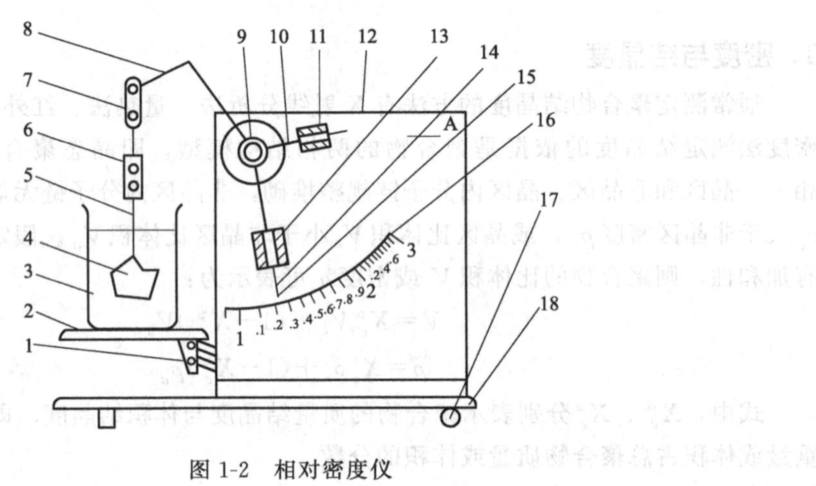

图 1-2　相对密度仪

1—抬起机构；2—托盘；3—烧杯；4—试片；5—针；6—插针座；7—锤钩；8—梁；9—滚动轴承；10—短臂；11—两个螺钉砝码；12—刻度盘；13—两个滑动砝码；14—长臂；15—指针；16—刻度线；17—水平调整螺钉；18—底座

（3）浸渍法：天平（感量为 0.001g，最大称重 200g 或以上），金属丝（直径小于 0.10mm），容器（可用 500ml 的烧杯）。

四、实验步骤

1. 直读式相对密度仪法测定聚合物的密度

① 将长臂上的滑动砝码滑到底部，调整短臂上的螺钉砝码，直到指针正确地指在

刻度“1”处，并使两个螺钉互锁。

② 将锤钩、插针座、针一起拿下，用针将试片扎上，再固定在梁上。调整长臂上两个滑动砝码，使指针在刻度盘“A”线上（调整时先将两砝码滑向内侧，再把外侧砝码拉出，指针接近A线时可转动两个砝码微调）。

③ 将烧杯内装满蒸馏水，放在托盘上，放下梁使试片浮在水中，再逐渐抬起托盘，直到试片全部浸入水中，试片不能接触烧杯的壁或底部，插针座不能接触水。

④ 试片浮在水当中时，在刻度盘上指针指示的数值即为试样的相对密度。

2. 浸渍法

① 准备好试样，用天平精确称量，并称量金属丝质量。

② 调节好浸渍液温度。

③ 用金属线捆住试样，放入浸渍液中，金属丝挂在天平上进行称量，如图1-3所示。再用直径为0.2mm以下的铜丝或毛发制的吊环，一头挂在天平吊钩上，另一头拴试样，浸没在装有蒸馏水的烧杯中称量，精确到0.001g。

④ 若高分子材料相对密度小于1时，则在试样上另用铜丝挂一个坠子，把试样坠入水中进行称量，但应测量坠子及铜丝吊环在蒸馏水中的质量。

⑤ 试样在蒸馏水中称量时，其表面不应附有气泡，蒸馏水的温度应同试样温度相接近。

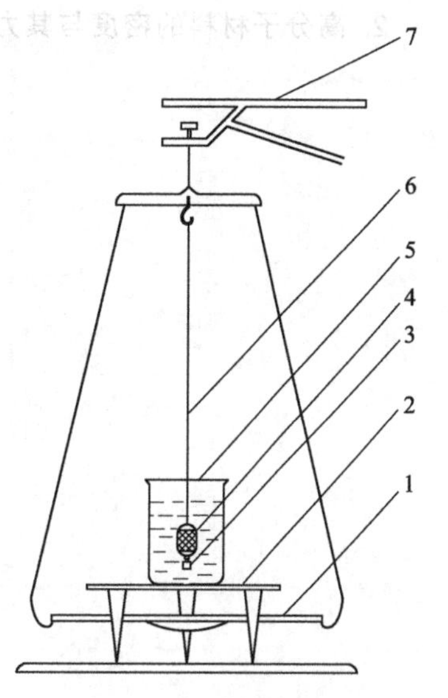

图1-3　浸渍法测密度

1—天平盒；2—架子；3—坠子；4—试样；5—烧杯；6—铜丝或毛发；7—天平梁臂

五、数据处理

1. 直读式相对密度仪法测定密度

指针在试样悬浮在蒸馏水中央时所表示的数值就是试样的相对密度，无单位。

2. 浸渍法测定密度

$$\rho=\rho_0\times\frac{m_1}{m_1-m_2} \tag{1-6}$$

式中，m_1为试样在空气中的质量，g；m_2为试样在水中的质量，g；ρ_0为蒸馏水在实验温度下的密度，g/cm^3。

当使用坠子时，计算公式为：

$$\rho=\rho_0\times\frac{m_1}{m_1+m_3-m_4} \tag{1-7}$$

式中，m_3为坠子在水中的质量，g；m_4为试样和坠子在水中的质量，g。

注：在标准实验温度下，水的密度可以认为是$1.00g/cm^3$。如果为了精确计算，则应将实验温度下水的实际密度代入公式计算，本书附录二可供参考使用。每种试样的数量不少于3个，取其算术平均值。

3. 聚合物的结晶度计算

根据数据处理步骤 1 或 2 计算出聚合物的密度，查本书附录一中聚合物完全结晶和完全非晶的密度，按式(1-3) 和式(1-4) 计算聚合物的质量结晶度和体积结晶度。

六、思考题

1. 同种高分子材料，牌号不同，其密度有无差别？为什么？
2. 高分子材料的密度与其力学性能之间有何关系？举例说明。

实验四　光学双折射法测定合成纤维的取向度

取向是指在外场（力场、电场、磁场等）作用下，材料结构单元沿外场方向作比较规整的排列的过程。取向形成的凝聚态结构称为取向态。对于聚合物而言，其取向结构单元可以是链段、分子链或晶区（晶片、球晶或晶粒）。取向后，聚合物的性能（力学性质、光学性质、热性能等）明显表现出各向异性，即在取向方向以及垂直于取向的方向上，聚合物的性能有很大不同。

聚合物的取向现象主要有单轴取向和双轴取向。单轴取向最典型的应用就是合成纤维的拉伸处理。一般在合成纤维纺丝过程中，从喷丝孔喷出的丝要拉伸若干倍，使高分子链沿拉伸方向高度取向，从而提高纤维的强度。单轴取向的薄膜主要是撕裂薄膜，用于捆扎，其他大多数的薄膜都是双轴取向。双轴取向或使分子链在薄膜平面方向上任意排列，各向同性且实际强度比未取向强度要高，比如战斗机机舱盖、安全帽以及中空塑料制品都是双轴取向。本实验主要研究纤维的单轴取向。

一、实验目的与要求

1. 了解取向工艺在纤维加工过程中的重要性。
2. 掌握测定纤维取向度的原理及方法。

二、实验原理

取向是外场作用使得高分子链沿外场方向择优排列，但并不意味着所有高分子链完全都沿外场方向排列，需要引入取向度的概念来描述其取向程度。取向度是取向材料结构特点的重要指标之一，其大小对聚合物的性能有非常显著的影响。

一般采用取向函数 f 来表示取向度。

$$f=\frac{1}{2}(3\overline{\cos^2\theta}-1) \tag{1-8}$$

式中，θ 是分子链主轴与外场方向的夹角。如果是理想的单轴取向，$\theta=0°$，$\overline{\cos^2\theta}=1$，则取向函数 $f=1$。如果是完全无规，$f=0$，$\overline{\cos^2\theta}=1/3$，$\bar{\theta}=54°44'$。

利用取向前后聚合物性能的显著变化，可以测定聚合物的取向度，常见方法包括光学双折射法、声速法、红外二色性法、X 射线衍射法、偏振荧光法等。本实验采用光学双折射法测定合成纤维的取向度。

在取向纤维中，平行于和垂直于纤维轴的两个方向上原子的排列和相互作用情况大不相同，极化率不同，因此折射率也不相同。设纤维轴向的折射率为 $n_{\parallel}$，垂直于纤维轴方向的折射率为 $n_{\perp}$，定义双折射率 Δn 为这两个相互垂直方向上的折射率之差，即

$$\Delta n=n_{\parallel}-n_{\perp} \tag{1-9}$$

双折射取向因子可表示为：

$$f_B=\frac{\Delta n}{\Delta n_{\max}}=\frac{n_{\parallel}-n_{\perp}}{n_{\parallel}^0-n_{\perp}^0} \tag{1-10}$$

式中，Δn_{max}表示完全取向时的双折射率，为完全取向时纤维轴向的折射率 $n_{\parallel}^{0}$ 与垂直于纤维轴方向的折射率 $n_{\perp}^{0}$之差。由于完全取向试样难以得到，通常直接将取向纤维的双折射率 Δn 作为衡量取向度大小的指标。

需要指出的是，由于物质的折射率与其分子的价电子在光波电场中的极化率有关，而各种聚合物所含原子基团不同，所产生的极化率也不同，因此不能仅用双折射率 Δn 来比较不同聚合物的取向度，Δn 只限于用以评价同一种聚合物不同试样的取向程度。

测定双折射率的方法较多，常用的有浸油法和光程差法。

1. 浸油法

根据式(1-9)，只要分别测定 $n_{\parallel}$、$n_{\perp}$，即可计算出 Δn。固体的折射率不容易直接测定，可采用浸油法间接测定。

配备一套折射率已知的液体，把纤维浸入液体介质中，如果纤维和液体的折射率相等，在偏光显微镜下观测不到它们之间的界线，好像纤维“溶解”在液体里一样。如果纤维与液体的折射率不等，则可观察到纤维与液体的界面有一条明亮的光带，即贝克线。如果纤维的折射率大于浸油，光线通过纤维的边缘时，向纤维一侧倾斜，自纤维边缘倾斜的光线和通过纤维中部未发生倾斜的光线，在纤维上部相交，使纤维边缘靠近纤维（折射率大的）一侧的光增强了，而纤维本身光却变弱了，因此显微镜下可以清楚地看到纤维的黑暗边缘以及一条亮线。当提高镜筒时，亮线向折射率较大的纤维方向移动，反之，亮线向相反方向移动。也就是说，不管哪种介质的折射率高，提高镜筒时，贝克线总是向折射率高的介质移动，依此可很容易地判断纤维与浸油折射率的相对大小。

利用此特点，我们可以快速找到折射率与纤维相同的浸油，即分别找到与纤维 $n_{\parallel}$、$n_{\perp}$相同的浸油，该浸油的折射率即为纤维的折射率。

浸油的折射率可用阿贝尔折射仪测定，阿贝尔折射仪是通过测定全反射临界角来计算折射率的。设 n_1、n_2分别为两种介质的折射率，θ_1、θ_2分别是入射角和折射角。根据斯涅尔折射定律，$n_1\sin\theta_1=n_2\sin\theta_2$，当 $n_2<n_1$时，$\theta_2>\theta_1$。当入射角增加至某一数值时，$\theta_2=90°$，此时

$$\theta_c=\arcsin\frac{n_2}{n_1} \tag{1-11}$$

当入射角 $\theta_1>\theta_c$ 时，折射线消失，光线全部反射，这种现象称为全反射，θ_c 称为全反射临界角。若 n_1已知，测定 θ_c 后，可计算待测样品的折射率 n_2，即

$$n_2=n_1\sin\theta_c \tag{1-12}$$

实际测量中，阿贝尔折射仪已将全反射临界角的值通过连动装置转换成了待测样品的折射率，可以直接读数。

2. 光程差法

光在媒质中的传播速率与折射率有关，因此在纤维轴向上的光速与垂直于轴向的光速是不相同的。纤维轴向上的极化率大，折射率 $n_{\parallel}$ 也大，光速 $v_{\parallel}$ 则较慢；垂直于纤

维轴方向上极化率小，折射率 $n_\perp$ 也小，光速 $v_\perp$ 则较快。因此振动面平行于纤维轴的偏振光与振动面垂直于纤维轴方向的偏振光通过纤维的时间 $t_\parallel$、$t_\perp$ 也不相同。

设纤维厚度为 d，则 $t_\parallel=d/v_\parallel$，$t_\perp=d/v_\perp$，且 $t_\parallel>t_\perp$。当后一束偏振光透出纤维时，前一束偏振光仍在纤维中，因此后一束光比前一束光在空气中多传播的距离就相当于两束光的光程差 R，故有

$$R=v_0(t_\parallel-t_\perp)=v_0\left(\frac{d}{v_\parallel}-\frac{d}{v_\perp}\right)=d\left(\frac{v_0}{v_\parallel}-\frac{v_0}{v_\perp}\right)=d(n_\parallel-n_\perp)=d\Delta n \quad (1\text{-}13)$$

式中，v_0为光在空气中的传播速率。由此可得

$$\Delta n=\frac{R}{d} \quad (1\text{-}14)$$

根据式(1-14)，只要测定光程差 R 和纤维的厚度 d 就可计算双折射率 Δn。

本实验采用浸油法测定纤维的双折射率。

三、实验仪器与试样

（1）仪器：BX51 型偏光显微镜（同实验一），阿贝尔折射仪；浸油一套（折射率在 1.40～1.75 之间），载玻片，盖玻片。

（2）试样：合成纤维。

四、实验步骤

1. 显微镜的调节与使用

偏光显微镜的调节与使用参见实验一。本实验中需要校正起偏镜的振动方向，具体方法如下。

在确定起偏镜与检偏镜特征方向处于正交位置后，将一段合成纤维单丝放在载玻片上，压上盖玻片，放置在载物台中央，选择合适的放大倍数观察纤维。如果视场黑暗，表明起偏镜、检偏镜特征方向分别与目镜十字线方向一致。如果视场黑暗而纤维明亮，或者视场和纤维都明亮，表明起偏镜和检偏镜特征方向与十字线方向不一致，需要校正，使起偏镜的振动方向与十字线中的一个方向平行，这样才能确定纤维轴是与起偏镜振动方向平行还是垂直，从而确定得到的值是 $n_\parallel$ 还是 $n_\perp$。

2. $n_\parallel$ 的测定

在纤维上滴上浸油，推开检偏镜（只用起偏镜），先在纤维轴方向上观察。上下移动镜筒，观测贝克线的移动方向，鉴定纤维折射率与浸油折射率的相对大小，选择合适的浸油。当在显微镜下看不清贝克线时，说明两者的折射率已经相当接近，要小心观测。选择出两个相邻号码的浸油（折射率相差在 0.003～0.005 之间），其中一种浸油的折射率比纤维大，一种比纤维折射率小，取其平均值作为纤维的折射率。

3. $n_\perp$ 的测定

把载物台旋转 90°，测定另一方向上纤维的折射率，方法同上。

4. 用阿贝尔折射仪测定所选的 4 种浸油的折射率

五、数据处理

分别计算 $n_{\parallel}$ 和 $n_{\perp}$，按式(1-9) 计算纤维的双折射率。

六、思考题

1. 实际应用中如何稳定聚合物的取向结构?
2. 如何使纤维既有较高的强度又具有较好的弹性?
3. 双折射取向因子反映了哪种结构单元的取向?

高分子物理实验

第二章 高分子溶液的性质

实验五 黏度法测定聚合物的分子量

黏度法是一种测定聚合物分子量的相对方法，但其仪器设备简单，操作方便，分子量适用范围大，实验精度也较高，所以是聚合物分子量测定最为常用的方法之一。黏度法除了主要用来测定黏均分子量外，还可用于测定溶液中的大分子尺寸，测定聚合物的溶度参数等。

一、实验目的与要求

1. 掌握黏度法测定聚合物分子量的基本原理。
2. 熟悉乌氏黏度计的结构及基本操作。

二、实验原理

在高分子溶液中，我们所感兴趣的不是溶液的绝对黏度，而是当高分子进入溶液后所引起的溶液黏度的变化。如果用 η_0 表示纯溶剂的黏度，η 表示高分子溶液的黏度，则有：

相对黏度 η_r： $$\eta_r=\frac{\eta}{\eta_0} \tag{2-1}$$

增比黏度 η_{sp}： $$\eta_{sp}=\frac{\eta-\eta_0}{\eta_0}=\eta_r-1 \tag{2-2}$$

特性黏数 $[\eta]$： $$[\eta]=\lim_{c\to 0}\frac{\eta_{sp}}{c}=\lim_{c\to 0}\frac{\ln\eta_r}{c} \tag{2-3}$$

式中，$\frac{\eta_{sp}}{c}$称为比浓黏度，表示浓度为 c 的情况下，单位浓度增加对溶液增比黏度的贡献；$\frac{\ln\eta_r}{c}$称为比浓对数黏度，表示在浓度为 c 的情况下，单位浓度增加对溶液相对黏度自然对数值的贡献；它们都随溶液浓度的变化而变化。特性黏数［η］表示高分子溶液浓度 $c\rightarrow 0$ 时，单位浓度的增加对溶液增比黏度或相对黏度对数的贡献，其数值不随溶液浓度大小而变化，但随浓度的表示方法而异。特性黏数的单位是浓度单位的倒数，即 dl/g 或 ml/g。

高分子溶液的黏度与其分子量有关，同时对溶液的浓度也有很大的依赖性。黏度法测定聚合物的分子量，就需要消除浓度对黏度的影响，因此，实验中主要是测量高分子溶液的特性黏数［η］。表达溶液黏度与浓度关系的经验方程式很多，应用较为广泛的有如下两个：

$$\frac{\eta_{sp}}{c}=[\eta]+k'[\eta]^2c \tag{2-4}$$

$$\frac{\ln\eta_r}{c}=[\eta]-\beta[\eta]^2c \tag{2-5}$$

式中，k'和β都是常数。

由此可以看出，只要配制几个不同浓度的高分子溶液，分别测定溶液及纯溶剂的黏度，然后计算出$\frac{\eta_{sp}}{c}$和$\frac{\ln\eta_r}{c}$，在同一张图中分别作$\frac{\eta_{sp}}{c}$-c、$\frac{\ln\eta_r}{c}$-c 的两条直线，将两条直线外推至 $c\rightarrow 0$，其共同的截距即为特性黏数［η］，如图 2-1 所示。

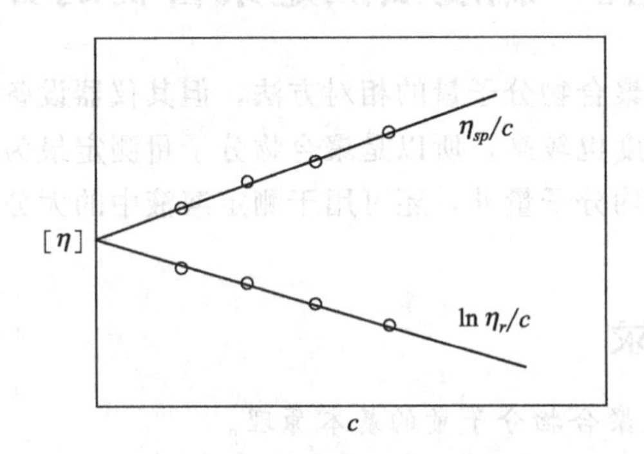

图 2-1　外推法求高分子溶液特性黏数示意图

以上用浓度外推求出［η］值的方法称为“稀释法”或“外推法”。当聚合物的化学组成、溶剂、温度确定后，［η］值只与聚合物的分子量有关，常用式(2-6) 来表达特性黏数［η］与分子量的关系：

$$[\eta]=KM^{\alpha} \tag{2-6}$$

该式称为 Mark-Houwink 方程。式中，K 和 α 为常数，其值与聚合物、溶剂、温度有关，和分子量的范围也有一定的关系。

测定液体黏度的方法主要可分为三类：①液体在毛细管里的流动；②圆球在液体里的落下速度；③液体在同轴圆柱体间对转动的影响。在测定高分子溶液黏度时，以毛细管黏度计最为方便。液体在毛细管黏度计内因重力作用而流动，假定液体流动时没有湍流发生，即重力全部用于克服液体对流动的黏滞阻力，则可将牛顿黏性流动定律应用于液体在毛细管中的流动，得到 Poiseuille 定律，又称 R^4 定律。

$$\eta=\frac{\pi g h R^{4}\rho t}{8 l V}=A\rho t \tag{2-7}$$

$$\frac{\eta}{\rho}=At \qquad A=\frac{\pi g h R^{4}}{8 l V}$$

式中，h 为等效平均液柱高度；g 为重力加速度；R 为毛细管半径；l 为毛细管长度；V 为流出体积；t 为流出时间；ρ 为液体的密度；η/ρ 称为比密黏度；A 为仪器常数。

一般，选用合适的黏度计使待测溶液和溶剂的流出时间大于 100s，则能满足没有湍流的假定。在恒定条件下，用同一支黏度计测定几种不同浓度的溶液和纯溶剂的流出时间 t 及 t_0。对于极稀溶液，溶液的密度 ρ 和溶剂的密度 ρ_0 近似相等，$\rho\approx\rho_0$，因此

相对黏度：
$$\eta_r=\frac{\eta}{\eta_0}=\frac{A\rho t}{A\rho_0 t_0}=\frac{t}{t_0} \tag{2-8}$$

增比黏度：
$$\eta_{sp}=\eta_r-1=\frac{t-t_0}{t_0} \tag{2-9}$$

将聚合物溶液加以稀释，测定纯溶剂和不同浓度的溶液的流出时间，通过式(2-8)、式(2-9) 分别计算其相对黏度和增比黏度，通过式(2-4)、式(2-5)，经浓度外推求得 [η] 值，再利用式(2-6)，即可计算聚合物的黏均分子量。

在实际工作中，由于试样量少，或者需要测定同一品种的大量试样，为了简化实验操作，可以在一个浓度下测定 η_r 或 η_{sp}，直接求出 [η] 值，而不需要作浓度外推，这种方法俗称“一点法”。

在式(2-4)、式(2-5) 中，若 $k'=0.3\sim0.4$，$k'+\beta=0.5$（一般线型柔性高分子-良溶剂体系），则

$$[\eta]=\frac{1}{c}\sqrt{2(\eta_{sp}-\ln\eta_r)} \tag{2-10}$$

该式在应用时，使 $\eta_r=1.30\sim1.50$ 为好，此时，一点法与外推法所得 [η] 值的误差在 1%以内。

若上述条件不成立，$k'+\beta$ 偏离 0.5 较大，可令 $k'/\beta=\gamma$，则

$$[\eta]=\frac{\eta_{sp}+\gamma\ln\eta_r}{(1+\gamma)c} \tag{2-11}$$

对于刚性或支化聚合物，可通过外推法先确定 γ 值，再应用此式计算黏均分子量，所得 [η] 值与外推法比较，误差不超过 3%。

三、实验仪器与试样

（1）仪器：乌氏黏度计（其结构如图 2-2 所示），恒温水浴箱，容量瓶，移液管，秒表。

（2）试样：聚乙烯醇，蒸馏水。

四、实验步骤

1. 溶液的配制

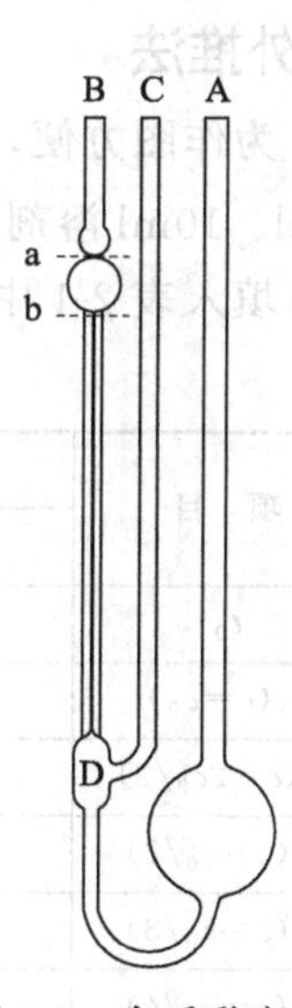

图 2-2　乌氏黏度计

称取干燥的聚乙烯醇 0.2～0.3g（准确至 0.1mg），小心倒入

25ml 容量瓶中，加入约 20ml 蒸馏水，使其充分溶解，置于恒温槽内恒温，用蒸馏水稀释至刻度。经砂芯漏斗滤入另外一只无尘容量瓶中，将其与纯溶剂（蒸馏水，100ml 容量瓶）置于恒温水槽，备用。

2．玻璃仪器的洗涤

乌氏黏度计（根据样品溶液浓度选择）先用经砂芯漏斗滤过的水洗涤，将小球内微粒杂质冲洗掉。抽气下，将黏度计吹干，加入新鲜温热的洗液，盖住三根管，防止尘粒落入。浸泡两小时后倒出洗液，洗净，再用蒸馏水冲洗几次，倒挂干燥后待用。其他如容量瓶、移液管等也需无尘洗净干燥备用。

3．测定纯溶剂流出时间 t_0

将恒温槽调节至（30±0.1）℃，在黏度计 B、C 管上小心地接上医用橡皮管，将黏度计固定在水槽内，使毛细管与水面垂直且将 a 线上方的小球置于液面以下。用移液管从 A 管注入 10ml 溶剂，恒温 10min 后，夹住 C 管上的橡皮管，从 B 管上的橡皮管吸气，将溶剂吸至 a 线上方小球一半左右的位置，夹住橡皮管，停止吸气。松开 C 管上的橡皮管，空气进入 D 球，毛细管内溶剂和 A 管下端的球分开。将 B 管上的橡皮管松开，此时水平注视液面的下降，用秒表记下液面经 a 线流至 b 线时的时间，此即为纯溶剂的流出时间 t_0。重复三次以上，误差不超过 0.2s，取其平均值作为 t_0。然后将溶剂倒出，烘干黏度计备用。

4．溶液流出时间的测定

用移液管取 10ml 溶液注入黏度计中，用步骤 2 的方法测定其流出时间 t_1。然后再移入 5ml 溶剂，混合均匀，并把溶液吸至 a 线上方小球一半的位置，重复两次，此时溶液的浓度为初始浓度的 2/3。测定其流出时间 t_2。同样操作，依次再加入 5ml、10ml、10ml 溶剂，分别测出流出时间 t_3、t_4、t_5。

五、数据处理

1．外推法

为作图方便，设溶液的初始浓度为 c_0，真实浓度为 $c=c'c_0$，依次加入 5ml、5ml、10ml、10ml 溶剂后，溶液的相对浓度分别为 2/3、1/2、1/3、1/4（用 c' 表示），分别计算填入表 2-1 中。

表 2-1　黏度法测分子量实验数据记录表

项　目	流出时间/s				η_r	$\ln\eta_r$	$\ln\eta_r/c'$	η_{sp}	η_{sp}/c'
	1	2	3	平均					
t_0					—	—	—	—	—
$t_1(c=c_0)$									
$t_2(c=2c_0/3)$									
$t_3(c=c_0/2)$									
$t_4(c=c_0/3)$									
$t_5(c=c_0/4)$									

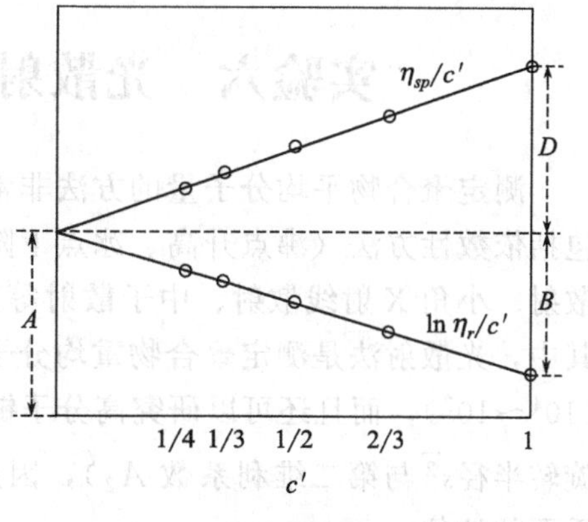

图 2-3　实验数据处理图解

由式(2-4)、式(2-5) 作图（如图 2-3 所示），假设外推所得共同截距为 A，则该聚合物溶液的特性黏数为

$$[\eta]=\frac{A}{c_0} \tag{2-12}$$

根据式 $[\eta]=K\overline{M}_\eta^\alpha$ [式(2-6)]，已知该聚合物-溶剂在 30℃下，$K=$__________，$\alpha=$__________，则 $\overline{M}_\eta=$__________。本书附录三可供参考。

2. 一点法

由图 2-3 可知，

$$\frac{\eta_{sp}}{c'}=A+Dc' \qquad \frac{\ln\eta_r}{c'}=A-Bc' \tag{2-13}$$

由于 $c'=\frac{c}{c_0}$，上式可写成：

$$\frac{\eta_{sp}}{c}=\frac{A}{c_0}+\frac{D}{c_0^2}c \qquad \frac{\ln\eta_r}{c}=\frac{A}{c_0}-\frac{B}{c_0^2}c \tag{2-14}$$

已知 $[\eta]=\frac{A}{c_0}$，将上式与式(2-4)、式(2-5) 比较可有：

$$k'=\frac{D}{A^2} \qquad \beta=\frac{B}{A^2}$$

根据 k' 和 β 值的情况，选用式(2-10) 或式(2-11) 计算 $[\eta]$ 值，并和外推法的结果进行对比。

六、注意事项

1. 需选用良溶剂，样品应纯化处理，样品溶液应充分溶解，浓度 <0.01g/ml，浓度应准确。

2. 乌氏黏度计应根据样品溶液的黏度选择，确保初始流出时间大于 100s。

3. 乌氏黏度计洗涤、干燥过程中应严格操作，避免毛细管中残留有细小杂物或变形。

4. 流出时间测试时，乌氏黏度计内溶液温度恒定后，才能开始测试，并要注意气泡的驱除。

七、思考题

1. 实验过程中，对实验结果产生影响的因素有哪些，如何影响？
2. 如何测定 Mark-Houwink 方程中的参数 K、α 值？

实验六　光散射法测定聚合物的分子量

测定聚合物平均分子量的方法非常多，除实验五所述的黏均分子量测试方法外，还包括依数性方法（沸点升高、冰点下降、蒸气压渗透和膜渗透等）、散射方法（静态光散射、小角X射线散射、中子散射等）、沉降平衡法、体积排除色谱法以及质谱法等。其中，光散射法是测定聚合物重均分子量的一种绝对方法，能够测试的分子量范围较高（10^4～10^7），而且还可以研究高分子链在溶液中的形态及其与溶剂间的相互作用（均方旋转半径$\overline{s^2}$与第二维利系数A_2），因此，光散射法在研究高分子链结构方面具有极其重要的地位。

一、实验目的与要求

1. 了解光散射法测定聚合物重均分子量的原理及实验技术。
2. 掌握用Zimm法双外推作图处理实验数据的方法。

二、实验原理

光通过不均匀介质时会发生散射现象。大分子溶液总是被看成不均匀介质，当受到入射光的电磁场作用时，会成为新的波源而发射散射光。由于散射光波的强度、频率偏移、偏振度以及光强的角分布都与聚合物的分子量、溶液中的链形态以及分子间的相互作用有关，从而可以用于研究大分子在溶液中的分子量、分子形态、大分子与溶剂的相互作用以及扩散系数等。

经典光散射理论认为，散射光的强度除与入射光的强度、频率、波长有关外，还与它们是否产生干涉有关。高分子溶液的散射光有外干涉和内干涉现象。外干涉与溶液浓度有关，当散射质点靠近时，各质点的散射光发生相互干涉而使散射光的强度受到影响，采用稀溶液可消除外干涉现象。内干涉现象则与分子尺寸有关，当分子尺寸较大时，一个质点（高分子链）的各部分均可看成独立的散射中心，它们之间所产生的散射光相互干涉。

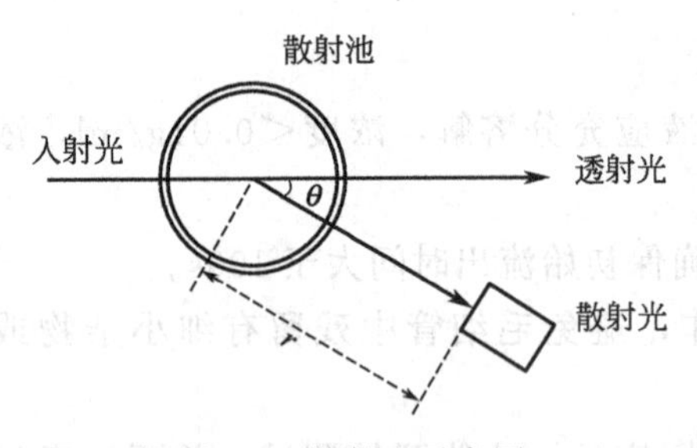

图 2-4　散射光示意图

散射光的波长、频率与入射光一样，没有发生任何变化，这种散射称为弹性散射或瑞利散射。这种干涉是研究高分子尺寸的基础。图2-4为散射光示意图，散射光方向与入射光方向间的夹角称为散射角θ，从散射中心到观测点间的距离为r，则散射光强度I与入射光强度I_0间的关系如下：

$$I=\frac{1+\cos^2\theta}{2}\times\frac{4\pi^2n^2}{N_A\lambda_0^4r^2}\left(\frac{\partial n}{\partial c}\right)^2cI_0\Big/\left(\frac{1}{M}+2A_2c\right) \tag{2-15}$$

式中，λ_0为入射光在真空中的波长；n为溶剂的折射率；$\partial n/\partial c$为溶液的折射率增量；N_A为阿伏伽德罗常数；c为溶液的浓度；M为溶质的分子量；A_2为第二维利系数。

引入参数瑞利比 R_θ，

$$R_\theta=\frac{r^2 I}{I_0} \tag{2-16}$$

式(2-15) 可改写为

$$R_\theta=\frac{1+\cos^2\theta}{2}\times\frac{4\pi^2 n^2}{N_A\lambda_0^4}\left(\frac{\partial n}{\partial c}\right)^2 c\Bigg/\left(\frac{1}{M}+2A_2 c\right) \tag{2-17}$$

当溶质、溶剂、温度和入射光波长选定后，式(2-17) 中的 n、λ_0 均为常数，以光学常数 K 表示

$$K=\frac{4\pi^2 n^2}{N_A\lambda_0^4}\left(\frac{\partial n}{\partial c}\right)^2 \tag{2-18}$$

式(2-17) 可改写为

$$\frac{1+\cos^2\theta}{2}\times\frac{Kc}{R_\theta}=\frac{1}{M}+2A_2 c \tag{2-19}$$

对于质点尺寸较小（$<\lambda/20$）的溶液，散射光强的角度依赖性对入射光方向成轴对称，且对称于 90°散射角（如图 2-5 中Ⅰ），即当 $\theta=90°$时，受散射光的干扰最小，式(2-19) 可简化为

$$\frac{Kc}{2R_{90}}=\frac{1}{M}+2A_2 c \tag{2-20}$$

对于质点尺寸较大（$>\lambda/20$）的溶液，必须考虑散射光的内干涉效应，这时散射光强随散射角不同而不同，且前向（$\theta>90°$）和后向（$\theta<90°$）的散射光强不对称（如图 2-5 中Ⅱ）。对两个对称的散射角，前向散射光强总是大于后向散射光强。引入散射函数 $P(\theta)$ 对由于内干涉效应而导致散射光强的变化进行校正。

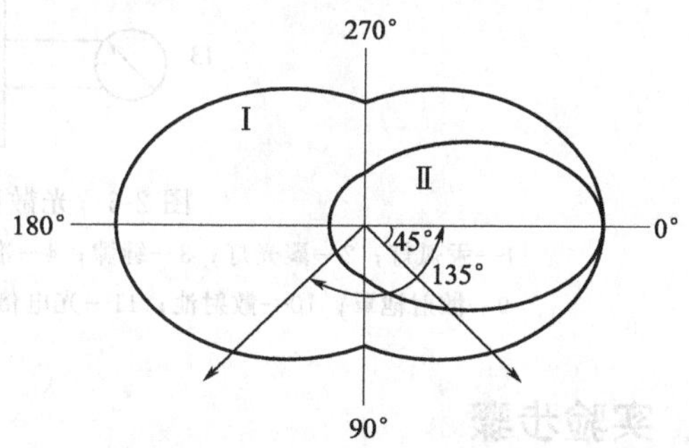

图 2-5　稀溶液的散射光强与散射角关系示意图
Ⅰ为非偏振光，小粒子；Ⅱ为非偏振光，大粒子

$$P(\theta)=1-\frac{16\pi^2}{3\lambda^2}\overline{s^2}\sin^2\frac{\theta}{2}+\cdots \tag{2-21}$$

式中，$\overline{s^2}$为大分子链在溶液中的均方旋转半径；λ 为入射光在溶液中的波长，$\lambda=\lambda_0/n$，式(2-19) 可修正为

$$\frac{1+\cos^2\theta}{2}\times\frac{Kc}{R_\theta}=\frac{1}{M}\times\frac{1}{P(\theta)}+2A_2 c \tag{2-22}$$

将式(2-21) 代入式(2-22) 中，整理可得

$$\frac{1+\cos^2\theta}{2}\times\frac{Kc}{R_\theta}=\frac{1}{M}\left(1+\frac{16\pi^2}{3\lambda^2}\overline{s^2}\sin^2\frac{\theta}{2}+\cdots\right)+2A_2 c \tag{2-23}$$

在散射光的测定中还要考虑散射体积的改变，也需要校正，式(2-23) 可改为

$$\frac{1+\cos^2\theta}{2\sin\theta}\times\frac{Kc}{R_\theta}=\frac{1}{M}\left(1+\frac{16\pi^2}{3\lambda^2}\overline{s^2}\sin^2\frac{\theta}{2}+\cdots\right)+2A_2 c \tag{2-24}$$

式(2-24) 为光散射法测定聚合物分子量及分子尺寸的基本计算公式。对于多分散体系，当溶液浓度趋近于 0 时，从式(2-20) 可得

$$(R_{90})_{c\to 0}=\frac{K}{2}\sum_i c_iM_i=\frac{Kc}{2}\sum_i \frac{c_i}{c}M_i=\frac{Kc}{2}\sum_i w_iM_i=\frac{Kc}{2}\overline{M}_w \tag{2-25}$$

可见，光散射法测定聚合物的分子量是其重均分子量。

三、实验仪器与试样

(1) 仪器：光散射仪（工作原理如图 2-6 所示），示差折光仪，压滤器，容量瓶，移液管，细菌漏斗。

(2) 试样：聚苯乙烯、苯。

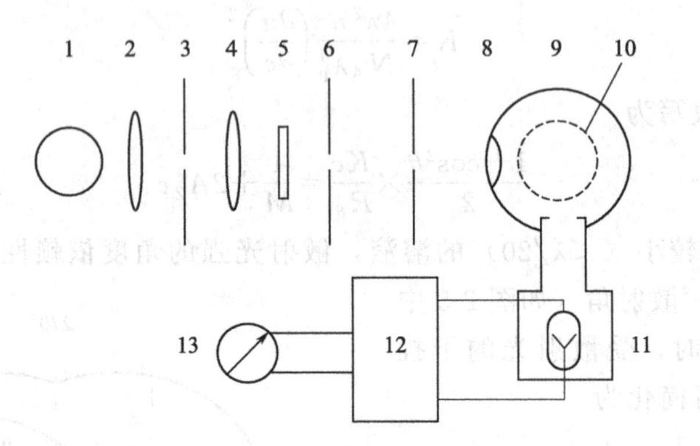

图 2-6　光散射仪示意图

1—汞弧灯；2—聚光灯；3—缝隙；4—准直镜；5—干涉滤色器；6～8—光栅；9—散射池罩；10—散射池；11—光电倍增管；12—直流放大器；13—微安表

四、实验步骤

1. 待测溶液的配制与除尘处理

① 用 100ml 容量瓶在 25℃准确配制 1～1.5g/l 的聚苯乙烯苯溶液，浓度记为 c_0。

② 溶剂苯经洗涤、干燥后蒸馏两次，溶液用 5 号细菌漏斗在特定的压滤器中用氮气加压过滤以除尘净化。

2. 折射率和折射率增量的测定

用示差折射仪分别测定溶剂的折射率 n 及 5 个不同浓度待测溶液的折射率增量，由示差折射仪的位移值 Δd 对浓度 c 作图，求出溶液的折射率增量$\partial n/\partial c$。溶液的折射率一般应与聚合物的分子量无关。

3. 参比标准、溶剂及溶液的散射光电流的测量

按照光散射仪的说明书，开启仪器，用已除尘的溶剂清洗散射池。

① 测定绝对标准液（苯）和工作标准玻璃块在 $\theta=90°$ 散射光电流的检流计读数 G_{90}。

② 用移液管取 10ml 溶剂苯放入散射池，记录 0°、30°、45°、60°、75°、90°、105°、120°、135°等不同角度时的散射光电流的检流计读数 G_θ^0。

③ 在上述散射池中加入 2ml 聚苯乙烯溶液（原始浓度为 c_0），用电磁搅拌器搅拌均匀，此时散射池中溶液的浓度为 c_1。待温度平衡后，依上述方法测量 30°～150°各个角

度的散射光电流检流计读数 G_θ^1。

④ 与步骤③操作相同，依次向散射池中加入浓度为 c_0 的聚苯乙烯溶液 3ml、5ml、10ml、10ml、10ml，使散射池中溶液的浓度分别为 c_2、c_3、c_4、c_5、c_6，其散射光电流检流计读数分别为 G_θ^2、G_θ^3、G_θ^4、G_θ^5、G_θ^6。

测量完毕后，关闭仪器，清洗散射池。

五、数据处理

1. 溶液浓度与散射光电流检流计读数整理

将实验所测量的不同浓度和散射角下的散射光电流检流计读数记入表 2-2 中。

表 2-2　光散法测定分子量实验数据记录

G \ θ	30°	45°	60°	75°	90°	105°	120°	135°	150°
G^0									
G^1									
G^2									
G^3									
G^4									
G^5									
G^6									

各个溶液的浓度 c_i 可以依据原始浓度的数值、加入散射池的体积以及散射池中溶剂的体积来进行计算。如 $c_1=c_0/6$，$c_2=c_0/3$ 等，依此类推。

2. 仪器常数 ϕ 及瑞利比 R_θ 的计算

实验测定的是散射光电流检流计读数 G，还不能直接用于计算瑞利比。由于散射光强远比入射光强小（约小 4 个数量级），难以准确测量，因此常用间接法测量。选用一个参比标准，它的光散射性质稳定，其瑞利比 R_{90} 已精确测量，如精制苯、甲苯、二硫化碳、四氯化碳等均可作为参比标准物。本实验采用苯作为参比标准物，已知在 $\lambda=546\text{nm}$ 时，苯的瑞利比为 $R_{90}^B=1.63\times10^{-5}$，则仪器常数为

$$\phi_B=R_{90}^B\frac{G_0}{G_{90}} \tag{2-26}$$

式中，G_0、G_{90} 分别为纯苯在 0°、90°的检流计读数。

由式(2-16) 可知，溶液的散射光强 I 与瑞利比 R_θ 成正比

$$\frac{r^2}{I_0}=\frac{R_\theta}{I_\theta}=\frac{R_{90}^B}{I_{90}^B} \tag{2-27}$$

可得

$$R_\theta=\frac{R_{90}^B}{I_{90}^B}I_\theta \tag{2-28}$$

这样，只要在相同条件下测得溶液的散射光强 I_θ 和 90°时苯的散射光强 I_{90}^B，即可计算溶液的瑞利比 R_θ。散射光强用检流计读数表示，则有

$$R_\theta=\frac{R_{90}^B}{G_{90}^B/G_0^B}\left[\left(\frac{G_\theta}{G_0}\right)_{溶液}-\left(\frac{G_\theta}{G_0}\right)_{溶剂}\right]=\phi_B\left[\left(\frac{G_\theta}{G_0}\right)_{溶液}-\left(\frac{G_\theta}{G_0}\right)_{溶剂}\right] \tag{2-29}$$

当入射光恒定时，$(G_0)_{溶液}=(G_0)_{溶剂}=G_0$，式(2-29)可简化为

$$R_\theta=\frac{\phi_B}{G_0}(G_\theta^c-G_\theta^0)=\phi'(G_\theta^c-G_\theta^0) \tag{2-30}$$

式中，G_θ^c、G_θ^0分别是溶液和纯溶剂在θ角的检流计读数。

3．K 值的计算

利用式(2-18)计算常数K。其中入射光波长为546nm，溶液的折射率在溶液很稀时可以用溶剂的折射率代替。苯的折射率为$n^{25}=1.4979$，聚苯乙烯苯溶液的折射率增量，其文献值为$0.106\mathrm{cm^3/g}$。以上两数据可与实验测定的值进行比较。

4．作 Zimm 双外推图，求 $\overline{M}_w$、$\overline{s^2}$（或$\overline{h^2}$）及 A_2

由式(2-24)，令

$$Y=\frac{1+\cos^2\theta}{2\sin\theta}\times\frac{Kc}{R_\theta} \tag{2-31}$$

将各项计算结果列于表2-3中。在上述数据中，以Y为纵坐标，$\sin^2\frac{\theta}{2}+qc$为横坐标，画出Zimm图，如图2-7所示。其中$q$可任意选取，目的是使Zimm网张开一些，便于双重外推。

表 2-3　光散射数据计算

项目	θ	30°	45°	60°	75°	105°	120°	135°
	$\sin^2(\theta/2)$							
c_1	$G_\theta^1-G_\theta^0$							
	$R_\theta(\times10^{-4})$							
	$Y(\times10^{-6})$							
	$\sin^2\frac{\theta}{2}+qc$							
…	…							

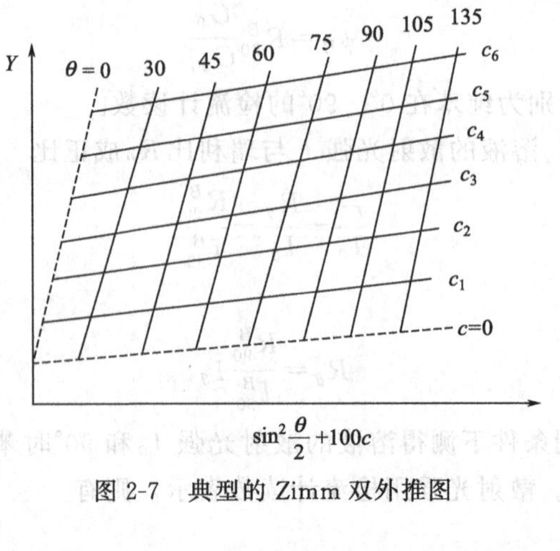

图 2-7　典型的 Zimm 双外推图

将各 θ 角的数据连成直线外推至 $c=0$，各浓度所测数据连成直线外推至 $\theta=0$，可以得到以下各式：

$$(Y)_{c\to 0,\theta\to 0}=\frac{1}{\overline{M_w}} \tag{2-32}$$

$$(Y)_{\theta\to 0}=\frac{1}{\overline{M_w}}+2A_2c \tag{2-33}$$

$$(Y)_{c\to 0}=\frac{1}{\overline{M_w}}+\frac{16\pi^2}{3\overline{M_w}\lambda^2}\overline{s^2}\sin^2\frac{\theta}{2} \tag{2-34}$$

从式(2-32) 可求得聚合物的重均分子量。从式(2-33) 的直线斜率可求出第二维利系数 A_2，它反映了高分子与溶剂间相互作用的大小。从式(2-34) 的直线斜率可求出高分子链在溶液中的均方旋转半径，它表征了高分子链在溶液中的形态。对于线型柔性高分子链，其均方旋转半径与均方末端距间有以下关系：

$$\overline{h^2}=6\,\overline{s^2} \tag{2-35}$$

六、思考题

1. 光散射法测定聚合物分子量为什么需要强调除尘?
2. 如何利用光散射法测定高分子链的无扰尺寸?

实验七　体积排除色谱测定聚合物的分子量分布

从聚合反应的概率观点来看，聚合物的分子量存在不均一性，即存在分子量分布和多分散性的问题。聚合物分子量的多分散性对其性能有很大的影响，尤其是对聚合物的物理机械性能和成型加工性能影响显著，因此研究聚合物的分子量分布具有重要的意义。聚合物分子量分布的测试方法主要有三类：一类是利用聚合物溶解度的分子量依赖性，将试样分成分子量不同的级分，从而得到试样的分子量分布，如逐步沉淀分级、梯度淋洗分级等；一类是利用高分子在溶液中的分子运动性质得到分子量分布，如超速离心沉降速度法等；一类是利用高分子在溶液中的体积对分子量的依赖性得到分子量分布，如体积排除色谱法（Size Exclusion Chromatography，SEC）等。本实验采用体积排除色谱测定聚苯乙烯的分子量分布。

一、实验目的与要求

1. 了解体积排除色谱测定聚合物分子量分布的原理。
2. 初步掌握体积排除色谱仪的操作技术。

二、实验原理

1. 分离机理

体积排除色谱又称为凝胶渗透色谱（Gel Permeation Chromatography，GPC），是因为早期色谱柱内填料采用的是交联聚苯乙烯凝胶。体积排除色谱的分离机理目前还没有取得一致的意见，但是在一般实验条件下，体积排除分离机理被认为是起主要作用的，即高分子溶液通过填充有多孔性填料的色谱柱时是按照高分子在溶液中的流体力学体积的大小进行分离的。流体力学体积越大的分子，流动过程中渗透进入填料内部孔洞的概率越小，在填料间的缝隙中流动的概率越大，也就是说，在色谱柱内流动的路径越短，越先被淋洗出来；反之，流体力学体积越小的分子，渗透填料内部孔洞的概率越大，流动路径越长，淋出时间就越长。这样，流经色谱柱后，流体力学体积不同的分子就被分离。在色谱柱出口检测流出液的浓度，即可测量不同流体力学体积分子的含量，从而得到其分布情况。

从上面的体积排除机理可知，色谱柱内多孔性填料的孔径大小及分布对分离效果有着至关重要的影响。设色谱柱内的总体积为 V_t，它由三部分组成：填料间隙体积 V_0（即粒间体积）、填料内部孔洞体积 V_i 以及填料骨架体积 V_s。其中 V_0+V_i 相当于色谱柱内溶剂的总体积。

$$V_t=V_0+V_i+V_s \tag{2-36}$$

当分子的尺寸比所有填料内部孔洞的孔径都要大时，它只能在填料间隙中流动，最先随着溶剂的流动而被洗提出来，此时其淋出体积 V_e（又称保留体积）等于填料间隙体积 V_0。对于这一类体积很大的分子，色谱柱没有分离能力。相反，当分子的尺寸比填料内粒子孔洞的孔径都要小时，它可以进入所有的孔洞而被最后洗提出来，其淋出体

积 V_e 等于填料间隙体积与孔洞体积之和（V_0+V_i）。对于这一类体积很小的分子，色谱柱也没有分离能力。只有中间尺寸的分子，可以向填料内的部分孔洞渗透，可渗透的孔洞体积取决于分子体积。此时，分子的淋出体积为

$$V_e=V_0+K_dV_i \tag{2-37}$$

式中，$K_d=V_{ic}/V_i$，V_{ic} 是指分子可以渗入的孔洞体积。

K_d 表示分子可以渗入的孔洞体积占总孔洞体积的分数，称为分配系数，其大小取决于分子的体积。尺寸不同的分子，其 K_d 值不同，淋出体积也不相同。因此，多分散试样流经色谱柱后，按照分子体积从大到小的次序被分离开来。

2. 级分的含量与分子量

将不同体积的分子分离后，还需测定分离出的各级分的含量及其分子量。

级分的含量就是淋出液的浓度，可以通过对溶液浓度有线性关系的物理性质进行测定，如示差折射检测器、紫外吸收检测器、红外吸收检测器等。常用示差折射检测器测定淋出液的折射率与纯溶剂折射率之差 Δn 来表征淋出液的浓度。在称溶液范围内，溶液的浓度与 Δn 成正比。

级分的分子量测定有直接法和间接法。直接法是用分子量检测器（如自动黏度计或光散射仪等）在浓度检测器测定淋出液浓度的同时直接测定淋出液中溶质的分子量。间接法是利用淋出体积与分子量的关系，将淋出体积根据标定曲线换算成分子量。本实验采用间接法测定聚合物的分子量。图 2-8 为 SEC 仪器示意图，记录仪所得的 SEC 谱图如图 2-9 所示。SEC 谱图中，纵坐标为淋出液与纯溶剂的折射率差 Δn，在稀溶液时正比于淋出液的相对浓度 Δc，横坐标为淋出体积 V_e，它表征了该级分分子尺寸的大小，与分子量有关。淋出体积与分子量间的关系曲线称为 SEC 标定曲线，如图 2-10 所示。在色谱柱可分离范围内（$M_b \sim M_a$），标定曲线方程可写为

$$\lg M=A-BV_e \tag{2-38}$$

式中，A、B 为常数，其值与溶质、溶剂、温度、载体及仪器结构有关。

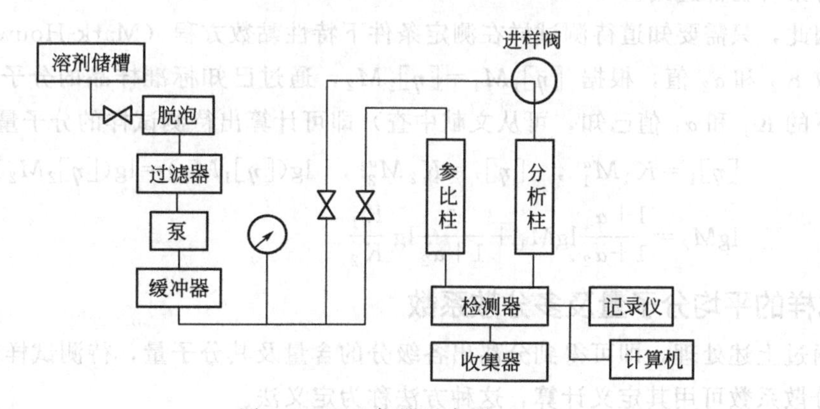

图 2-8　SEC 仪器示意图

上式需要在相同测试条件下测定一组已知分子量的单分散标准样品的淋出体积来进行标定。常用的标准样品为阴离子聚合的单分散聚苯乙烯试样。通过 SEC 标定曲线，就可以将 SEC 谱图（图 2-9）的横坐标变换为分子量。

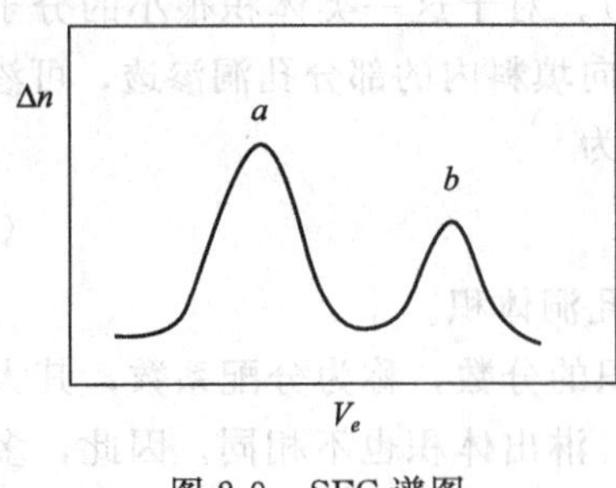

图 2-9　SEC 谱图

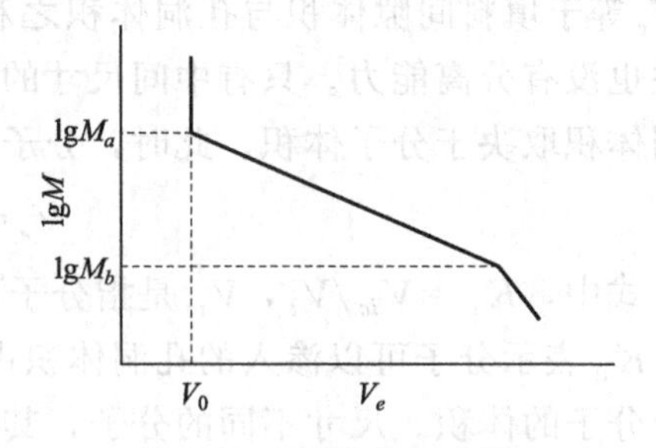

图 2-10　SEC 标定曲线

3. 普适校正曲线

由于 SEC 的机理是按照分子尺寸的大小进行分离，其分子量与分子尺寸是间接关系。不同类型的高分子，当其分子量相等时，它们的分子尺寸不一定相同。因此，式(2-38) 的标定曲线只有当标准样品与待测试样为同种类型的高分子时才适用。也就是说，当需要测定某种聚合物的分子量时，需要采用与待测试样相同类型的单分散（或窄分布）标准样品来进行标定，这给实际测试工作带来了极大不便，因为单分散（或窄分布）标准样品是很难得到的。因此需要找到一种标定曲线，能够适用于所有聚合物，这种标定曲线称为谱适标定曲线。

根据 Flory 的特性黏数理论，对于柔性的高分子有

$$[\eta]=\Phi\frac{(\overline{h^2})^{3/2}}{M} \tag{2-39}$$

式中，Φ 称为 Flory 常数，是一个与高分子、溶剂、温度无关的普适常数。

可见，$[\eta]M\propto(\overline{h^2})^{3/2}$ 具有体积的量纲，代表了溶液中高分子的流体力学体积。用 $\lg([\eta]M)$ 对淋出体积 V_e 作图，对不同类型的聚合物试样，所得的标定曲线是重合的，所以将该曲线称为普适标定曲线。该曲线可以用单分散的聚苯乙烯标准样品进行标定，对所有聚合物都适用。

因此，只需要知道待测试样在测定条件下特性黏数方程（Mark-Houwink 方程）中的参数 K_2 和 α_2 值，根据 $[\eta]_1M_1=[\eta]_2M_2$，通过已知标准样品的分子量 M_1（测试条件下的 K_1 和 α_1 值已知，可从文献中查）即可计算出待测试样的分子量 M_2。

$$[\eta]_1=K_1M_1^{\alpha_1},\quad [\eta]_2=K_2M_2^{\alpha_2},\quad \lg([\eta]_1M_1)=\lg([\eta]_2M_2)$$

$$\lg M_2=\frac{1+\alpha_1}{1+\alpha_2}\lg M_1+\frac{1}{1+\alpha_2}\lg\frac{K_1}{K_2} \tag{2-40}$$

4. 试样的平均分子量及多分散系数

通过上述处理，即可得到分离出各级分的含量及其分子量，待测试样的平均分子量及多分散系数可用其定义计算，这种方法称为定义法。

$$\overline{M_w}=\int_0^{\infty}M_w(M)\mathrm{d}M=\sum_i M_iw_i(M)$$

$$\overline{M_n}=\left[\int_0^{\infty}\frac{w_i(M)}{M}\mathrm{d}M\right]^{-1}=\left[\sum_i\frac{w_i(M)}{M_i}\right]^{-1}$$

$$\overline{M}_\eta=\left[\sum_i M_i^\alpha w_i(M)\right]^{1/\alpha}$$

$$d=\frac{\overline{M}_w}{\overline{M}_n}=\sum_i M_i w_i(M)\sum_i \frac{w_i(M)}{M_i} \tag{2-41}$$

式中，$\overline{M}_w$、$\overline{M}_n$、$\overline{M}_\eta$ 分别为试样的重均分子量、数均分子量和黏均分子量；d 为试样分子量的多分散系数；$w_i(M)$ 指分子量为 M_i 的第 i 个级分的质量分数；α 为 Mark-Houwink 方程［式(2-6)］中的参数。

质量分数 $w_i(M)$ 的计算方法为：在 SEC 图谱中每隔相等的淋出体积间隔，读出谱线与基线的高度 H_i，此高度与对应组分的浓度与正比，即

$$w_i(M)=\frac{H_i}{\sum H_i} \tag{2-42}$$

将上式代入式(2-41) 中，可得到样品的各个平均分子量及多分散系数。需要注意的是，在上面的计算中假定了每一淋出体积间隔内淋洗出的溶液中聚合物的分子量是均一的，因此该淋出体积间隔应该尽量小，所取间隔数应尽量多。实际计算时，所取淋出体积间隔数目至少在 20 个以上。

三、实验仪器与试样

（1）仪器：Waters 150-C 凝胶渗透色谱仪（包括进校系统、色谱柱、示差折射仪、级分收集器等）。

（2）试样：聚苯乙烯，四氢呋喃等。

四、实验步骤

① 开启稳压电源，等待仪器稳定。

② 配制 10ml（0.05%～0.3%）的聚苯乙烯-四氢呋喃溶液，用聚四氟乙烯过滤膜把溶液过滤至 4ml 的专用样品瓶中，待用。

③ 在主机面板中设置分析时间、进校量、流速等测试条件，打开输流泵，将流速调节为 1ml/min。

④ 开启示差折射仪，开启数据处理器，输入标定曲线等必要的参数。

⑤ 将配制好的溶液注入体系，开始测试。完成后，即可从数据处理机上得到 SEC 谱图。

五、数据处理

得到的 SEC 谱图是以淋出体积 V_e 为横坐标、淋出液与纯溶剂折射率差 Δn 为纵坐标的。采用定义法进行计算聚苯乙烯的分子量及多分散系数。

人为地将 SEC 谱图切割成与纵坐标平行的长条，假如将谱图切割成 n（$n>20$）条，并且每条的宽度都相等，将每条的高度用 H_i 表示。相当于将聚合物分成了 n 个级分，每个级分的溶液体积相等，则每个级分中聚合物的质量 W_i 与级分的浓度成正比。每个级分中聚合物占总样品的质量分数 $w_i(M)$ 按式(2-42) 计算，再按式(2-41) 计算样品的平均分子量和多分散系数。

事实上，由于谱峰的扩宽效应，由 SEC 谱图求得的分子量分布宽度比实际的分子量分布宽度要宽一些。也就是说，影响 SEC 谱图的不仅有聚合物本身的分子量多分散性，还有色谱柱的扩宽效应，按式(2-41) 计算出的是表观分子量和表观分子量分布宽度，需要修正。

假定 SEC 谱图和谱峰扩宽效应都符合高斯分布，根据方差的加和性，由 SEC 谱图求得的标准偏差

$$\sigma^2=\sigma_M^2+\sigma_B^2 \tag{2-43}$$

式中，σ_M^2 为试样分子量分布引起的方差；σ_B^2 为谱峰扩宽效应的贡献，其大小通常可用单分散标准试样的 SEC 谱图的峰底宽度 W_B 来确定，$\sigma_B=W_B/4$。

定义校正因子 G：

$$G=\sqrt{\frac{(\overline{M}_w/\overline{M}_n)_{测}}{(\overline{M}_w/\overline{M}_n)_{真}}}=\sqrt{\frac{\exp(B'^2\sigma^2)}{\exp(B'^2\sigma_{真}^2)}}=\exp\frac{B'^2\sigma_{真}^2}{2} \tag{2-44}$$

式中，$B'=2.303B$，B 为 SEC 标定曲线［式(2-38)］的斜率。上式中 B' 和 $\sigma_{真}$ 都可通过单分散标准样品测试得到。因此，聚合物真实的分子量及分布可按下式修正：

$$\overline{M}_{w真}=M_0\exp\left(\frac{B'\sigma_M^2}{2}\right)=\overline{M}_{w测}/G$$

$$\overline{M}_{n真}=M_0\exp\left(-\frac{B'\sigma_M^2}{2}\right)=\overline{M}_{n测}/G \tag{2-45}$$

$$d_{真}=\left(\frac{\overline{M}_w}{\overline{M}_n}\right)_{真}=\left(\frac{\overline{M}_w}{\overline{M}_n}\right)_{测}\Bigg/G$$

式中，M_0 为 SEC 谱峰所对应的分子量。

六、注意事项

1. 需选用试样的良溶剂配制溶液，溶剂应先经过除尘、脱水处理，密封保存。
2. 样品溶液应为稀溶液，浓度一般小于 0.01g/ml，充分溶解后，再过滤保存。
3. 凝胶色谱柱应用选用溶剂充分淋洗，待基线平稳后，方能开始检测。

七、思考题

1. 体积排除色谱与逐步沉淀分级法相比，各有何优缺点?
2. 试分析溶剂选择及样品浓度对测试结果的影响。
3. 试简述分子量分布对聚合物性能的影响。

实验八　溶胀平衡法测定聚合物的交联度

在实际使用过程中，橡胶需具备足够好的强度与弹性。交联是改善橡胶性能的一种重要方法，而交联度的大小与橡胶的性能直接相关。过低的交联度，橡胶的强度和耐磨性都较差，永久形变大；而过高的交联度，会使橡胶硬度增加，弹性减弱。因此，在橡胶加工过程中，控制硫化条件使橡胶保持适当的交联度是非常关键的，而与橡胶的交联度密切相关的物理量是交联网络中有效链的平均分子量 $\overline{M}_c$。通常，将有效链的平均分子量 $\overline{M}_c$ 用来表征橡胶交联度的大小。本实验采用溶胀平衡法测定天然橡胶的溶度参数和交联度，还可间接测定高分子-溶剂间的相互作用参数。

一、实验目的与要求

1. 理解溶度参数和交联度的物理意义。

2. 了解溶胀平衡法测定橡胶交联度的基本原理。

3. 掌握质量法测定聚合物溶胀度的方法。

二、实验原理

交联橡胶在溶剂中是不能溶解的，但可以发生一定程度的溶胀。此时，溶剂分子向橡胶内部渗透，使交联网络伸展，橡胶体积膨胀；交联网络的伸展会引起体系构象熵的降低，交联网络会产生弹性收缩，从而阻止溶剂分子进一步的渗入。当这两种相反的作用相互抵消时，体系就达到了溶胀平衡，橡胶的体积不再变化。橡胶在溶胀平衡后的体积与溶胀之前的体积之比，称为溶胀度 Q。实际上交联聚合物的溶胀体，既是聚合物的浓溶液，又是高弹性固体。

从热力学的角度，聚合物在溶剂中发生溶胀的必要条件是溶剂与聚合物的混合自由能 $\Delta G_m<0$，而

$$\Delta G_m=\Delta H_m-T\Delta S_m \tag{2-46}$$

式中，ΔH_m、ΔS_m 分别为混合过程中的焓变与熵变；T 为体系的温度。混合过程的熵变 ΔS_m 是大于0的，因此，要满足 $\Delta G_m<0$，必须使 $\Delta H_m<T\Delta S_m$。

对于非极性聚合物-非极性溶剂体系，ΔH_m 总为正值。假定混合过程中没有体积变化，则 ΔH_m 可由 Hildebrand 公式计算：

$$\Delta H_m=\varphi_1\varphi_2(\delta_1-\delta_2)^2V_m \tag{2-47}$$

式中，φ_1、φ_2 分别为溶剂、聚合物的体积分数；δ_1、δ_2 分别为溶剂、聚合物的溶度参数；V_m 为混合后的总体积。

由式(2-47) 可知，δ_1、δ_2 越接近，ΔH_m 值越小，越能满足 $\Delta G_m<0$。当 $\delta_1=\delta_2$ 时，$\Delta H_m=0$，此时体系处于溶胀平衡，溶胀度达到最大值。可以利用这个基本原理来间接测定聚合物的溶度参数 δ_2。

在一定温度下，将交联聚合物置于一系列不同溶度参数的溶剂中进行充分溶胀，测定其溶胀度。由于溶剂与聚合物的溶度参数越接近，其溶胀度越大，因此，用溶胀度对溶剂的溶度参数作图，会出现一个峰值，该峰所对应的溶度参数即为聚合物的溶度

参数。

当交联聚合物达到溶胀平衡时，体系自由能的变化等于0，即

$$\Delta G=\Delta G_m+\Delta G_{el}=0$$
$$\Delta\mu_1=\Delta\mu_1^m+\Delta\mu_1^{el}=0 \tag{2-48}$$

式中，ΔG_m、ΔG_{el} 分别为聚合物-溶剂的混合自由能、三维网络的弹性自由能；$\Delta\mu_1^m$、$\Delta\mu_1^{el}$分别为混合过程、弹性形变过程中溶剂的化学位。

根据高分子稀溶液的似晶格模型理论，聚合物与溶剂混合过程中溶剂的化学位为

$$\Delta\mu_1^m=RT\left[\ln\varphi_1+\left(1-\frac{1}{x}\right)\varphi_2+\chi_1\varphi_2^2\right] \tag{2-49}$$

式中，φ_1、φ_2 分别为溶剂、聚合物的体积分数；χ_1 为聚合物-溶剂间的相互作用参数，x 为高分子的聚合度。对于交联聚合物而言，$x\to\infty$，式(2-49) 可简化为

$$\Delta\mu_1^m=RT(\ln\varphi_1+\varphi_2+\chi_1\varphi_2^2) \tag{2-50}$$

交联聚合物的溶胀过程，体积增大，类似于橡胶的形变过程，可直接引用橡胶的储能函数公式，即

$$\Delta G_{el}=\frac{1}{2}NkT(\lambda_1^2+\lambda_2^2+\lambda_3^2-3)=\frac{\rho RT}{2\overline{M}_c}(\lambda_1^2+\lambda_2^2+\lambda_3^2-3) \tag{2-51}$$

式中，N 为单体体积内有效链的数目；ρ 为聚合物的密度；$\overline{M}_c$ 为有效链的平均分子量；λ_1、λ_2、λ_3 分别为聚合物溶胀后在三个方向上的伸长比（设橡胶溶胀前为一个单位立方体，则伸长比即为其溶胀后的尺寸）。假定溶胀过程中，各向同性的橡胶在三维方向上自由溶胀，即 $\lambda_1=\lambda_2=\lambda_3=\lambda$。则溶胀后凝胶的体积

$$\lambda^3=1+n_1V_{m,1}=\frac{1}{1/\lambda^3}=\frac{1}{\varphi_2}$$
$$\lambda=\varphi_2^{-1/3} \tag{2-52}$$

式中，n_1 为溶胀体中溶剂物质的量；$V_{m,1}$为溶剂的摩尔体积。

将上式代入式(2-51) 并整理后，可计算橡胶弹性形变过程中溶剂的化学位

$$\Delta\mu_1^{el}=\frac{\partial\Delta G_{el}}{\partial n_1}=\frac{\partial\Delta G_{el}}{\partial\lambda}\cdot\frac{\partial\lambda}{\partial n_1}=\frac{\rho RTV_{m,1}}{\overline{M}_c}\varphi_2^{1/3} \tag{2-53}$$

将式(2-50) 和式(2-53) 代入到式(2-48) 中，化简后可得橡胶溶胀平衡方程

$$\ln\varphi_1+\varphi_2+\chi_1\varphi_2^2+\frac{\rho V_{m,1}}{\overline{M}_c}\varphi_2^{1/2}=0 \tag{2-54}$$

根据溶胀度 Q 的定义，可有 $Q=1/\varphi_2$，且在良溶剂中，溶胀度 Q 通常超过 10，此时 φ_2 很小，可将 $\ln\varphi_1=\ln(1-\varphi_2)$ 展开，略去高次项，得

$$\overline{M}_c=\frac{\rho V_{m,1}}{1/2-\chi_1}Q^{5/3} \tag{2-55}$$

若已知聚合物-溶剂间的相互作用参数 χ_1，即可计算出 $\overline{M}_c$；反之，若已知 $\overline{M}_c$，则可计算高分子-溶剂间的相互作用参数 χ_1。

溶胀度 Q 可以根据橡胶溶胀前后的体积或质量计算。

$$Q=\frac{V_1+V_2}{V_2}=\frac{W_1/\rho_1+W_2/\rho_2}{W_2/\rho_2} \tag{2-56}$$

式中，V_1，V_2 分别为溶胀体中溶剂和聚合物的体积；W_1，W_2 分别为溶胀体中溶剂和聚合物的质量；ρ_1，ρ_2 分别为溶剂和聚合物的密度。

需要指出的是，溶胀度与聚合物的交联度有关。当交联度很大时，有效链的长度减小，柔性降低，溶胀度也较小，实验误差相应增加；当交联度很小时，自由末端的含量相对增加，而自由末端对弹性自由能无贡献，与理论偏差较大，同时，可能有少部分高分子溶解于溶剂中，而且形成的凝胶强度很低，给测试工作带来极大不便，引起的实验误差也较大。因此，溶胀平衡法只适合于测定中度交联聚合物的交联度。

三、实验仪器与试样

(1) 仪器：溶胀管，分析天平，称量瓶，恒温槽，镊子等。

(2) 试样：交联天然橡胶，正庚烷，环己烷，四氯化碳，苯，环己醇等。

四、实验步骤

① 用分析天平将 5 只洁净的称量瓶称重，然后分别放入一块交联天然橡胶，再称重，记录质量，计算出天然橡胶的质量（干胶质量）。

② 将称量过的天然橡胶分别置于 5 只溶胀管内，每管加入一种溶剂 15～20ml，盖紧管塞后，放入 (25±0.1)℃的恒温槽内，让其恒温溶胀 10 天。

③ 10 天后，溶胀基本达到平衡，取出溶胀体，迅速用滤纸吸干表面溶剂，立即放入称量瓶内，盖上磨口盖后称量，记录质量，然后再将其放入溶胀管内继续溶胀。

④ 每隔 3h，用同样的方法称量一次溶胀体的质量，直至溶胀体两次称量结果之差不超过 0.01g 时，即认为其已达到溶胀平衡。停止实验，清洗仪器。

五、数据处理

① 从手册中查出天然橡胶、不同溶剂的密度以及各溶剂的溶度参数，并根据式(2-56) 计算出天然橡胶在不同溶剂中的溶胀度。

② 将溶胀度对溶度参数作图，找出溶胀度极大值所对应的溶度参数，即为天然橡胶的溶度参数。

③ 从手册中查出天然橡胶与某种聚合物的相互作用参数 χ_1，根据式(2-55) 计算天然橡胶的交联度 $\overline{M}_c$。

④ 根据所得天然橡胶的 $\overline{M}_c$，根据式(2-55) 计算天然橡胶与其他几种溶剂间的相互作用参数，并与文献值相比较。

参考：溶剂溶度参数值：正庚烷，15.2；环己烷，16.8；四氯化碳，17.6；苯，18.7；环己醇，23.3。天然橡胶-苯体系在 25℃时，高分子-溶剂间的相互作用参数为 0.437，天然橡胶的密度为 0.9734g/cm^3，苯的密度 0.88g/cm^3。本书附录五～附录七可供参考使用。

六、思考题

1. 溶胀度与哪些因素有关？溶胀法测定交联度有何优缺点？
2. 从分子运动的角度讨论线形、交联聚合物的溶胀过程有何不同？

第三章　聚合物的力学性能

实验九　电子拉力机测定聚合物的应力-应变曲线

聚合物材料的拉伸性能是其力学性能中最重要、最基本的性能之一，在拉伸力的作用下，应力-应变测试成为聚合物力学实验中使用最广泛的一种。聚合物的应力-应变曲线可以提供力学行为的很多重要参数（杨氏模量、屈服应力、屈服伸长率、断裂应力、断裂伸长率、拉伸强度、拉伸断裂能等)，用于评价材料抵抗载荷、抵抗形变及吸收能量的特性，为质量控制、研究开发、工程设计等提供参考。

一、实验目的与要求

1. 熟悉聚合物材料拉伸性能测试标准条件和测试原理。
2. 了解测试条件对测定结果的影响。
3. 掌握塑料拉伸强度的测定方法。

二、实验原理

拉伸实验是在规定的实验温度、实验速度和湿度条件下，对标准试样沿其纵轴方向施加拉伸载荷，直到试样被拉断为止。拉伸时，试样在纵轴方向所受到的力称为表观应力 σ（MPa)。

$$\sigma = P/A_0 \tag{3-1}$$

式中，P 为拉伸载荷；A_0 为试样的初始截面。试样的伸长率即应变 ε（%）为

$$\varepsilon = \Delta L/L_0 \tag{3-2}$$

式中，L_0 为试样标定线间的初始长度；ΔL 为拉伸后标定线长度的变化量。

聚合物的拉伸性能可通过其应力-应变曲线（σ-ε 曲线）来分析，典型的聚合物拉伸

应力-应变曲线如图 3-1 所示。在应力-应变曲线上，以屈服点 Y 为界划分为两个区域：屈服点之前是弹性区，即除去应力后材料能恢复原状，并在大部分该区域内符合虎克定律；屈服点之后是塑性区，即材料产生永久性变形，不再恢复原状。通过聚合物的拉伸应力-应变曲线可以获得聚合物的相关力学性能参数，如杨氏模量（曲线初始直线的斜率）、屈服强度（Y 点对应的应力）、屈服伸长率（Y 点对应的应变）、断裂强度（B 点对应的应力）、断裂伸长率（B 点对应的应变）、拉伸强度（曲线中应力最大值）以及拉伸断裂能（曲线下的面积）。

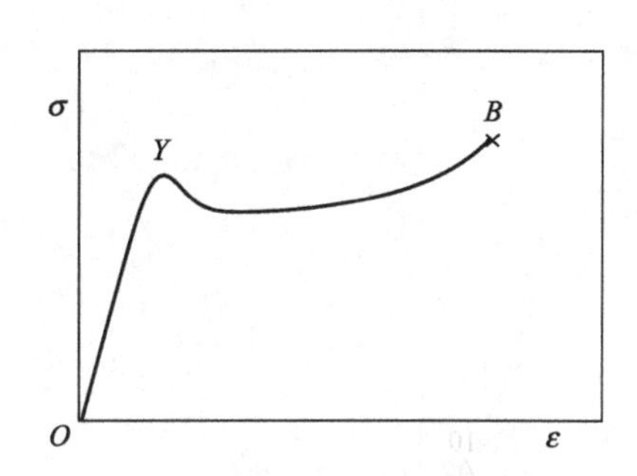

图 3-1 典型聚合物拉伸应力-应变曲线

Y 为屈服点，B 为断裂点

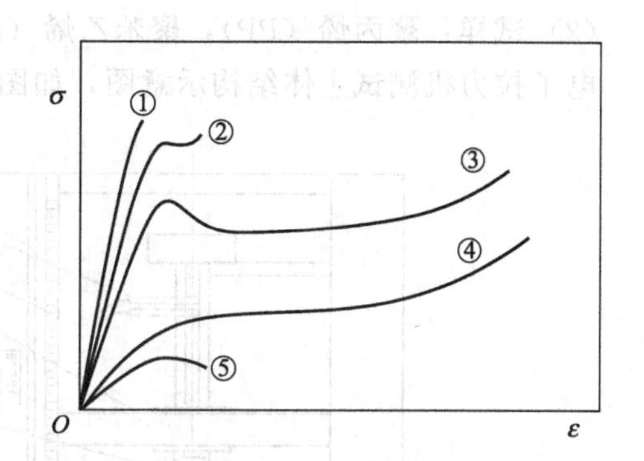

图 3-2 五种类型聚合物拉伸应力-应变曲线图

① 硬而脆；② 硬而强；③ 强而韧；④ 软而韧；⑤ 软而弱

根据拉伸过程中屈服点的表现，伸长率的大小以及其断裂情况，应力-应变曲线大致可分为如图 3-2 所示的五种类型：①硬而脆，如硬而脆的 PS、PMMA 和酚醛树脂等，它们模量高，拉伸强度非常大，没有屈服点，断裂伸长率一般不超过 2%；②硬而强，如硬质 PVC 等，它们高模量，高强度，有屈服，断裂伸长率约 5%；③强而韧，如尼龙 66、聚甲醛等，它们强度高，断裂伸长率大，拉伸过程中有明显的细颈；④软而韧，如橡胶和增塑 PVC 等，它们模量低，屈服强度低或没有明显的屈服点，断裂伸长率大，断裂强度较高；⑤软而弱，如柔软的凝胶，由于强度极低，很少用作材料使用。

对于形变很大的聚合物材料，由于拉伸过程中试样的截面积发生变化。从 σ-ε 曲线直接得到的标称拉伸力学性能已经不符合实际情况。故必须转化成真应力和真应变，以求得真实拉伸力学性能。

真应力 σ' 为：

$$\sigma'=P/A \tag{3-3}$$

式中，P 为拉伸载荷，N；A 为试样的瞬时截面积，mm^2。

如果与之相应时刻内，试样的标线长度由 L 被拉伸为 $L+dL$，则真应变 δ 为：

$$\delta=\int_{L_0}^{L}\frac{dL}{L}=\ln\frac{L}{L_0}=\ln\left(\frac{L_0+\Delta L}{L_0}\right)=\ln(1+\varepsilon) \tag{3-4}$$

假定试样在大形变时体积不变，即 $AL=A_0L_0$，则真应力可表示为：

$$\sigma'=\frac{P}{A}=\frac{PL}{A_0L_0}=\frac{P}{A_0}(1+\varepsilon)=\sigma(1+\varepsilon) \tag{3-5}$$

真应变δ和真应力σ'可由标称应变ε和标称应力σ通过式(3-4)和式(3-5)求得。

在实际拉伸过程中，试样的截面积A的变化更为复杂多样。有的试样会均匀地逐渐变细，而有些则突然变细成颈。以后截面积A基本保持不变。只是细颈进一步伸长，直到被拉伸为止，这被称为“冷拉”现象。

三、实验仪器与试样

(1) 仪器：电子拉力机（深圳新三思公司生产）、游标卡尺、直尺。

(2) 试样：聚丙烯（PP），聚苯乙烯（PS）。

电子拉力机测试主体结构示意图，如图3-3所示。

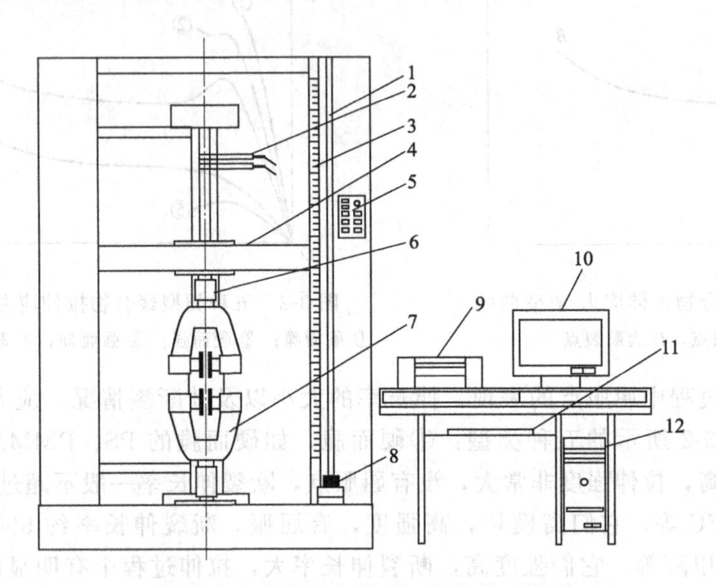

图3-3　电子拉力机测试主体结构示意图

1—限位螺钉；2—位移引伸仪；3—标尺；4—横梁；5—横梁控制开关；6—传感器；7—夹具；8—紧急制动开关；9—打印机；10—计算机；11—键盘；12—计算机主机

四、实验步骤

① 试样制备。

a. 试样形状。拉伸试样共有4种类型：Ⅰ型试样（双铲形），见图3-4；Ⅱ型试样（哑铃形），见图3-5，Ⅲ型试样（8字形），见图3-6，Ⅳ型试样（长条形），见图3-7。

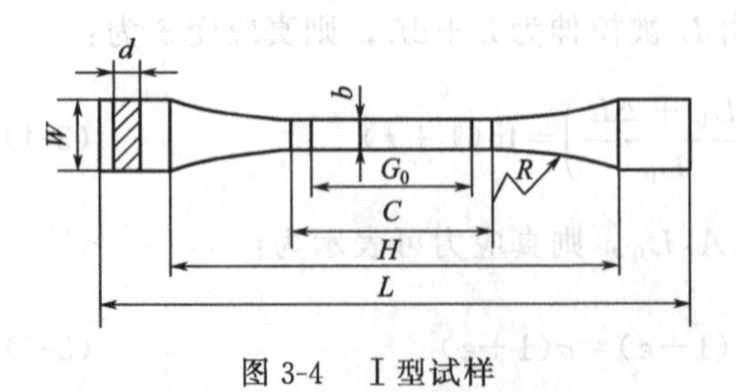

图3-4　Ⅰ型试样

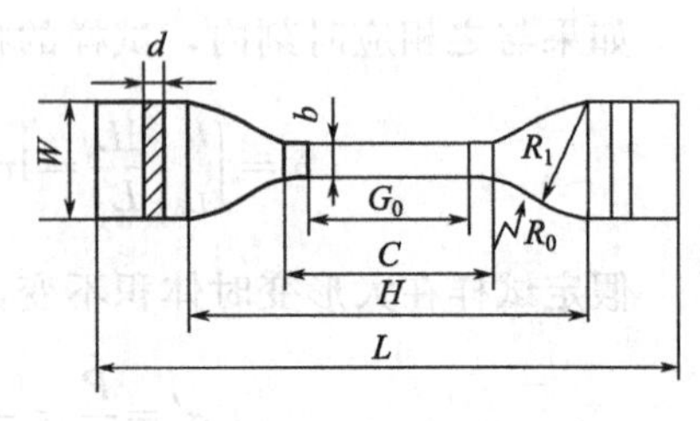

图3-5　Ⅱ型试样

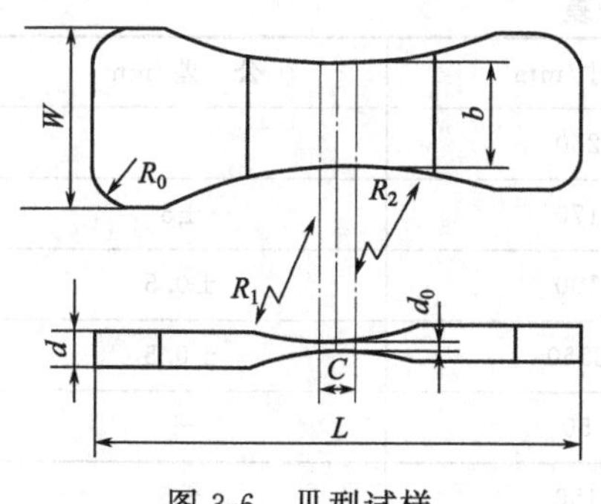

图 3-6 Ⅲ型试样

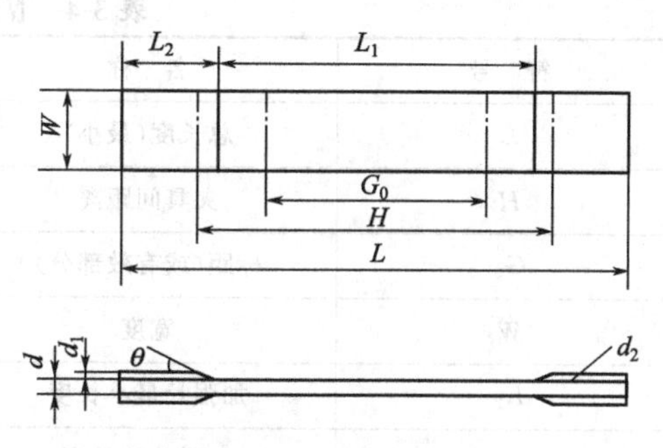

图 3-7 Ⅳ型试样

b. 试样尺寸规格。不同类型的样条有不同的尺寸公差，具体见表 3-1～表 3-4。

表 3-1 Ⅰ型试样尺寸公差

物理量	名　　称	尺　　寸/mm	公　　差/mm
L	总长度(最小)	150	—
H	夹具间距离	115	±5.0
C	中间平行部分长度	60	±0.5
G_0	标距(或有效部分)	50	±0.5
W	端部宽度	20	±0.2
d	厚度	4	—
b	中间平行部分宽度	10	±0.2
R	半径(最小)	60	—

表 3-2 Ⅱ型试样尺寸公差

物理量	名　　称	尺寸/mm	公　　差/mm
L	总长度	115	—
H	夹具间距离	80	±5
C	中间平行部分长度	33	±2
G_0	标距(或有效部分)	25	±1
W	端部距离	25	±
d	厚度	2	—
b	中间平行部分距离	6	±0.4
R_0	小半径	14	±1
R_1	大半径	25	±2

表 3-3 Ⅲ型试样尺寸公差

符　号	名　称	尺寸/mm	符　号	名　称	尺寸/mm
L	总长度(最小)	110	b	中间平行部分宽度	25
C	中间平行部分长度	9.5	R_0	端部半径	6.5
d_0	中间平行部分厚度	3.2	R_1	表面半径	75
d	端部厚度	6.5	R_2	侧面半径	75
W	端部宽度	45			

表 3-4 Ⅳ型试样尺寸公差

符　号	名　称	尺寸/mm	公　差/mm
L	总长度(最小)	250	—
H	夹具间距离	170	±5
G_0	标距(或有效部分)	100	±0.5
W	宽度	2550	±0.5
L_2	加强片最小长度	50	—
L_1	加强片间长度	150	±5
d	厚度	2～10	—
d_1	加强片厚度	3～10	—
θ	加强片角度	5°～30°	—
d_2	加强片	—	—

c. 拉伸时速度的设定。塑料属黏弹性材料，它的应力松弛过程与变形速率紧密相关，应力松弛需要一个时间过程。当低速拉伸时，分子链来得及位移、重排，呈现韧性行为。表现为拉伸强度减少，而断裂伸长率增大。高速拉伸时，高分子链段的运动跟不上外力作用速度，呈现脆性行为。表现为拉伸强度增大，断裂伸长率减少。由于塑料品种繁多，不同品种的塑料对拉伸速度的敏感程度不同。硬而脆的塑料对拉伸比较敏感，一般采用较低的拉伸速度。韧性塑料对拉伸速度的敏感性较小，一般采用较高的拉伸速度。

对于拉伸实验方法，国家标准规定的实验速度范围为 1～500mm/min，分为 9 种速度，见表 3-5 和表 3-6。

表 3-5 拉伸速度范围

类　型	速度/(mm/min)	允许误差/%	类　型	速度/(mm/min)	允许误差/%
速度 A	1	±50	速度 F	50	±10
速度 B	2	±20	速度 H	100	±10
速度 C	5	±20	速度 I	200	±10
速度 D	10	±20	速度 J	500	±10
速度 E	20	±10			

表 3-6 不同塑料优选的试样类型及相关条件

塑料品种	试样类型	试样制备方法	试样最佳厚度/mm	实验速度
硬质热塑性塑料 热塑性增强材料	Ⅰ	注塑 模压	4	B、C、D、E、F
硬质热塑性塑料板 热固性塑料板 (包括层压板)		机械加工	2	A、B、C、D、E、F、G

续表

塑料品种	试样类型	试样制备方法	试样最佳厚度/mm	实验速度
软质热塑性塑料 软质热塑性塑料板	Ⅱ	注塑 模压 板材机械加工 板材冲压加工	2	F、G、H、I
热固性塑料 (包括填充增强塑料)	Ⅲ	注塑 模压	—	C
热固性增强塑料板	Ⅳ	机械加工	—	B、C、D

② 调换和安装拉伸实验用夹具。

③ 设定实验条件。实验方式，单向拉伸实验；实验速度 10mm/min。

④ 键入样品参数。样品标定线间距 25mm；编号；样品厚度____mm；样品宽度____mm。

⑤ 检查屏幕显示的实验条件，样品参数。如有不适合之处可以修改。确认无误之后，按开始键开始实验。横梁以恒定的速度开始移动。仔细观察试样在拉伸过程中的变化，直到拉断为止。

五、数据处理

① 根据电子拉力机绘出的 PS、PP 拉伸曲线，比较和鉴别它们的性能特征。

② 分别计算 PS、PP 样品的杨氏模量、屈服强度与屈服伸长率、断裂强度与断裂伸长率、拉伸强度。

③ 根据 PP 的载荷-伸长曲线、逐点计算 σ' 和 δ，将计算结果绘制成 σ'-δ 曲线。

六、思考题

1. 改变试样的拉伸速率会对实验产生什么影响?

2. 在实验过程中，试样的截面积变化会对最终谱图产生什么影响? 你认为在现有的实验条件下能否真实地获得或通过计算获得瞬时的截面积?

实验十 聚合物弯曲强度的测定

一般产品普遍存在弯曲载荷，弯曲性能是很重要的，同时，往往用弯曲性能来进行原材料、成型工艺参数、产品使用条件因素等的选择。弯曲强度是在规定实验条件下，对标准试样施加静弯曲力矩。

从分子结构的角度来看，聚合物之所以具有抵抗外力破坏的能力，主要靠分子内的化学键合力和分子间的范德华力和氢键。如果聚合物链的排列方向是平行于受力方向的，则断裂时可能是化学键的断裂或分子间的滑脱；如果聚合物链的排列方向是垂直于受力方向的，则断裂时可能是范德华力或氢键的破坏。影响聚合物实际强度的因素很多，总的来说可以分为两类：一类是与材料本身有关的，包括聚合物的化学结构、分子量及其分布、支化和交联、结晶与取向、增塑剂、共混、填料、应力集中物等；另一类是与外界条件有关的，包括温度、湿度、光照、氧化老化、作用力的速度等。

一、实验目的与要求

1. 熟悉高分子材料弯曲性能测试标准条件、测试原理及其操作。
2. 测定脆性及非脆性材料的弯曲强度。

二、实验原理

弯曲性能主要用来检测材料在经受弯曲负荷作用时的性能。本实验对试样施加静态三点式弯曲负荷，通过压力传感器、负荷及变形，测定试样在弯曲变形过程中的特征量，如弯曲过程中，任何时刻跨度中心处截面上的最大外层纤维正应力（弯曲应力）；当挠度等于规定值时的弯曲应力（定挠度时弯曲应力）；在定挠度前或之时，破断瞬间所达到的弯曲应力（弯曲破坏应力）；在规定挠度前或之时，负荷达到最大值时的弯曲应力（弯曲强度、最大负荷时的弯曲应力）；超过定挠度时，负荷达到最大值时的弯曲应力（表观弯曲应力）。试样弯曲负荷达到最大值时的弯曲强度（σ）为：

$$\sigma=\frac{1.5PL}{bh^2} \tag{3-6}$$

式中，P 为最大负荷，N；L 为试样长度，mm；b 为试样宽度，mm；h 为试样厚度，mm。

三、实验仪器与试样

(1) 仪器：电子万能（拉力）试验机（深圳市新三思材料检测有限公司，型号4104)、游标卡尺。电子万能（拉力）试验机测试主体结构示意图，如图 3-8 所示。

(2) 试样：聚苯乙烯（PS)，脆性材料；低密度聚乙烯（LDPE)，韧性材料。

四、实验步骤

① 试样形式和尺寸见图 3-9，表 3-7 和表 3-8。

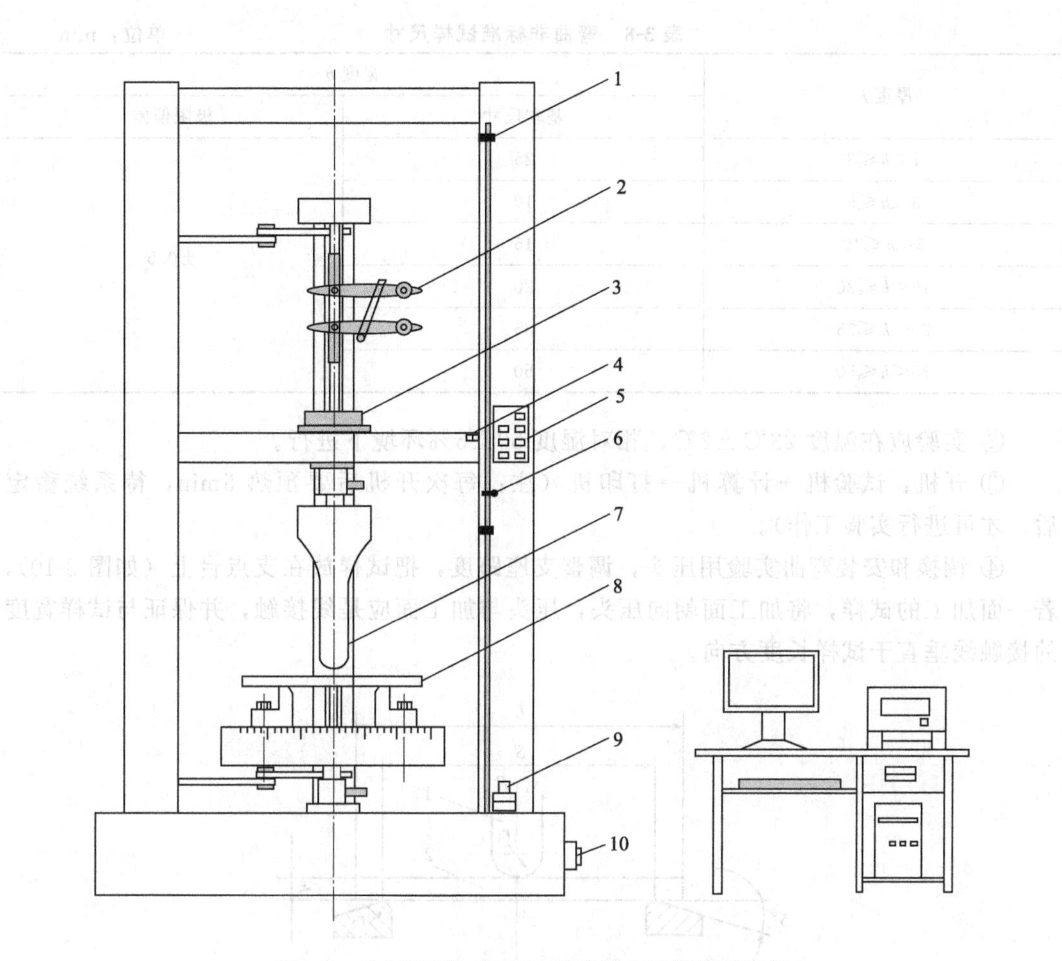

图 3-8　电子万能（拉力）试验机主体结构示意图

1—固定挡圈；2—引伸计；3—力传感器；4—碰块；5—手动控制盒；6—可调挡圈；
7—压头；8—样条；9—急停开关；10—电源开关

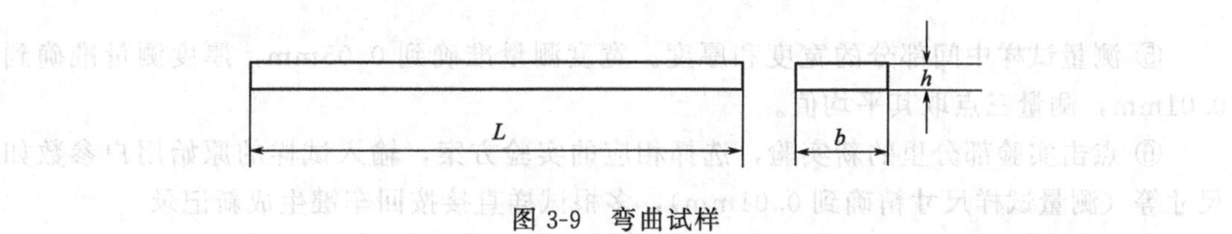

图 3-9　弯曲试样

表 3-7　弯曲标准试样尺寸　　　　单位：mm

厚度 h	宽度 b	长度 L
$1<h\leqslant10$	15±0.2	$20h$
$10<h\leqslant20$	30±0.5	
$20<h\leqslant35$	50±0.5	
$35<h\leqslant50$	80±0.5	

表 3-8　弯曲非标准试样尺寸　　单位：mm

厚度 h	宽度 b	
	基本尺寸	极限偏差
$1<h\leqslant3$	25	±0.5
$3<h\leqslant5$	10	
$5<h\leqslant10$	15	
$10<h\leqslant20$	20	
$20<h\leqslant35$	35	
$35<h\leqslant50$	50	

② 实验应在温度 23℃±2℃、相对湿度 50±5%环境下进行。

③ 开机：试验机→计算机→打印机（注：每次开机后要预热 5min，待系统稳定后，才可进行实验工作）。

④ 调换和安装弯曲实验用压头，调整支座跨度，把试样放在支点台上（如图 3-10），若一面加工的试样，将加工面朝向压头，压头与加工面应是线接触，并保证与试样宽度的接触线垂直于试样长度方向。

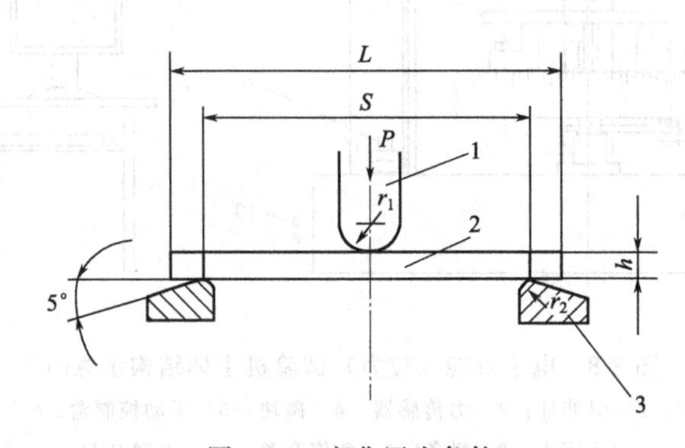

图 3-10　弯曲压头条件

1—压头（r_1=10mm 或 5mm）；2—试样；3—试样支点台（r_2=2mm）；
h—试样高度；P—弯曲负荷；L—试样长度；S—跨距

⑤ 测量试样中间部分的宽度和厚度。宽度测量准确到 0.05mm，厚度测量准确到 0.01mm，测量三点取其平均值。

⑥ 点击实验部分里的新实验，选择相应的实验方案，输入试样的原始用户参数如尺寸等（测量试样尺寸精确到 0.01mm），多根试样直接按回车键生成新记录。

⑦ 根据材料的规定调整实验速度。若没有规定，则调整速度 1～5mm/min（如表 3-9)。易变形的材料可以采用表中给出的较高速度。

表 3-9　实验速度

项　目	速度/(mm/min)	公差/%	项　目	速度/(mm/min)	公差/%
速度 A_1	1	±50	速度 B	5	±20
速度 A_2	2	±20	速度 C	10	±20

⑧ 根据试样的长度及夹具的间距设置好限位装置。

⑨ 检查屏幕显示的实验条件，样品参数。如有不适合之处可以修改。确认无误之后，按“运行”键开始实验，设备将按照软件设定的实验方案进行实验，多个样品测试请重复⑥～⑧步骤。

⑩ 一批实验完成后点击“生成报告”按钮将生成实验报告。

⑪ 单击导出 Excel 备用。

⑫ 关机：试验机→打印机→计算机。

五、数据处理

在系统生成报告中，标明样品名称、测试标准、测试条件、样品数目、弯曲强度及标准偏差。用导出的数据画出典型的弯曲应力-应变曲线。

六、注意事项

试样的跨厚比、加载速度、温度和湿度等因素会对实验结果产生较大的影响。在实验操作中，还应注意试样在支座上的放置，以及试样与加载压头的接触，试样应与支座接触面垂直，加载压头与试样接触应为一条线。

七、思考题

1. 跨度、实验速度对弯曲强度的测定结果有何影响？
2. 弯曲强度很高的聚合物，受到长时间弯曲载荷作用时，其形变如何？为什么？

实验十一 聚合物蠕变性能测试

聚合物的蠕变性能反映了材料的尺寸稳定性和长期负载性，例如精密的机械零件就不能采用易蠕变的塑料。对于作为纤维使用的高聚物，也必须具有常温下不易蠕变的性能，否则就不能保证纤维织物的形态稳定性。橡胶制品要经过硫化处理，也是借助于分子间交联阻止分子链间的相对滑移，保证制品有良好的高弹性能。

一、实验目的与要求

1. 掌握高分子材料蠕变的概念。
2. 掌握高分子材料蠕变性能测试标准条件和测试原理。
3. 了解测试条件对测定结果的影响。

二、实验原理

在一定温度和较小的恒定外力（拉力、压力或扭力等）作用下，材料的形变随时间的增加而逐渐增大的现象称为高分子材料的蠕变。图 3-11 就是典型的线型高聚物的蠕变曲线，t_1 是加荷时间，t_2 是释荷时间。

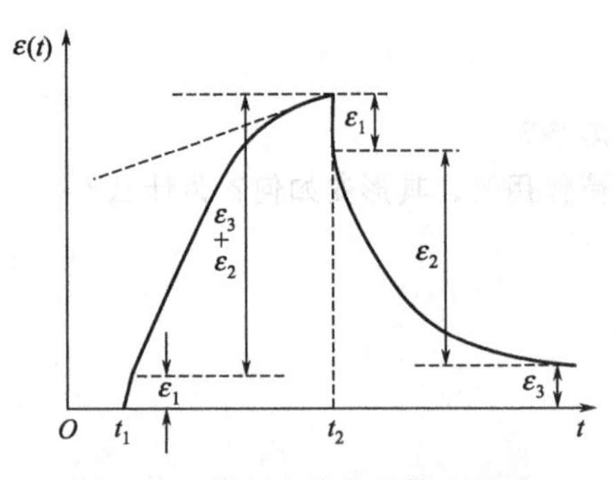

图 3-11 线型高聚物的蠕变曲线

从分子运动和变化的角度来看，蠕变过程包括下面三种形变。

(1) 普弹形变 ε_1 当高分子材料受到外力 σ 作用时，分子链内部键长和键角立刻发生变化，这种形变量是很小的，称为普弹形变。该形变符合虎克定律：

$$\varepsilon_1=\frac{\sigma}{E_1} \tag{3-7}$$

式中，E_1 弹性模量，约为 $10^9\sim10^{11}$ Pa。

(2) 高弹形变 ε_2 当分子链通过链段运动逐渐伸展发生的形变，称为高弹形变，又称为推迟形变。高弹形变与时间有关，具有明显的松弛特性。其形变规律可表述为

$$\varepsilon_2=\frac{\sigma}{E_2}(1-e^{-t/\tau}) \tag{3-8}$$

式中，τ 为松弛时间，表示蠕变过程中链段运动的快慢；E_2 为高弹模量，约为 $10^5\sim10^7$ Pa。

(3) 黏流形变 ε_3 如果分子间没有化学交联，线型高聚物间会发生相对滑移，发生黏性流动。这种流动与材料的本体黏度（η_3）有关，类似液体的流动，可用牛顿流动定律描述。

$$\varepsilon_3=\frac{\sigma}{\eta_3}t \tag{3-9}$$

式中，η_3 为聚合物的本体黏度，通常为 $10^4\sim10^{13}$ Pa，其大小依赖于温度。

蠕变过程中，聚合物总形变可表示为：

$$\varepsilon=\frac{\sigma}{E_1}+\frac{\sigma}{E_2}(1-e^{-t/\tau})+\frac{\sigma}{\eta_3}t \tag{3-10}$$

在玻璃化转变温度以下，链段运动的松弛时间很长，分子之间的内摩擦阻力很大，主要发生普弹形变。在玻璃化转变温度以上，链段可以运动，主要发生普弹形变和高弹形变，而黏流形变的大小与外力作用时间的长短有关。只要加荷时间比高聚物的松弛时间长得多，则在加荷期间，高弹形变已充分发展，达到平衡高弹形变，因而蠕变曲线图的最后部分可以认为是纯粹的黏流形变。当温度升高到材料的黏流温度以上，这三种形变都比较显著。由于黏性流动是不能回复的，因此对于线型高聚物来说，当外力除去后会留下一部分不能回复的形变，称为永久形变。

蠕变与温度高低和外力大小有关，温度过低，外力太小，蠕变很小而且很慢，在短时间内不易觉察；温度过高、外力过大，形变发展过快，也感觉不出蠕变现象；在适当的外力作用下，通常在高聚物的玻璃化转变温度以上不远，链段在外力下可以运动，但运动时受到的内摩擦力又较大，只能缓慢运动，则可观察到较明显的蠕变现象。

三、实验仪器与试样

(1) 仪器：动态力学分析仪，产地：美国 TA 公司，型号：Q800。

(2) 仪器主要参数

① 炉温范围：$-150\sim600$℃（注意：设置温度禁止超过材料熔点）。

② 升温速率：0.1～20℃/min（400℃后 25℃/min）。

③ 降温速率：0.1～20℃/min。

④ 预加力：0.001～18N。

⑤ 振幅：0.5～10000μm。

⑥ 频率范围：$1.0\times10^{-2}\sim200$Hz。

本机配置计算机，可通过计算机设置测试条件，完成条件控制、数据处理及打印谱图。

(3) 试样：聚对苯二甲酸乙二醇酯（PET）。

四、实验步骤

1. 样品制备

用刀将厚为 0.5～2.0mm 的 PET 薄膜裁成宽 3～6mm，长 20～30mm 试条备用。

2. DMA 测试部分

(1) 接通 DMA 电源，开启电脑和动态力学分析仪主机，预热 10min。

(2) 双击电脑屏幕上的 TA Instrument 应用软件图标，进入测试界面。

(3) 样品测试之前，参照仪器说明对力、位移和夹具等三项进行校正。

(4) 设置实验模式，输入样品形状与尺寸，设置预加载荷大小、温度、平衡时间、蠕变时间、回复时间等实验条件。

(5) 安装试样，开始测试。

（6）实验结束后，卸下全部的夹具及样品，并关闭软件和计算机，最后关闭 DMA 电源。

五、数据处理

DMA Q800 动态力学分析仪自动处理数据并打印出谱图。对照图谱，分析三个形变的大小，用下述两种方法计算本体黏度。

① 通过永久形变进行计算。假定蠕变回复时间足够长，普弹形变和高弹形变都充分回复，永久形变即为黏流形变 ε_3。在聚合物玻璃化转变温度以上时，假定蠕变时间足够长，普弹形变和高弹形变发生的时间远比黏性流动的时间短，即实验过程中加载时间可近似等于黏性流动时间，本体黏度 η_3 可通过式(3-9) 计算。

② 通过蠕变曲线中后期的直线部分进行计算。根据牛顿流动定律可有：

$$\eta_3=\frac{\sigma}{\Delta\varepsilon_3/\Delta t} \tag{3-11}$$

满足前面方法中的假定条件，式中 $\Delta\varepsilon_3/\Delta t$ 即为蠕变曲线中后期的直线部分的斜率。

六、注意事项

蠕变现象和温度及外力大小有关，温度过低，外力太小，蠕变很小而且很慢，在短时间内不易察觉；温度过高，外力过大，形变发展过快，也感觉不到蠕变现象。在本实验中，要注意实验温度和外力大小的设定。

七、思考题

1. 两种计算方法得到聚合物的本体黏度是否相同？为什么？
2. 为测定聚合物的本体黏度，当蠕变温度发生变化时，设置蠕变时间应该如何变化？

实验十二　聚合物邵氏硬度的测定

硬度反映了材料弹塑性变形特性，是一项重要的力学性能指标。材料的强度越高，塑性变形抗力越高，硬度值也就越高。

邵氏硬度计是将规定形状的压针在标准的弹簧力下压入试样，把压针压入试样的深度转换为硬度值。邵氏硬度分为邵氏A和邵氏D两种，邵氏A硬度适用于橡胶及软质塑料，用 H_A 表示，邵氏D硬度适用于较硬的塑料，用 H_D 表示。

一、实验目的与要求

1. 了解测定硬塑料和软塑料硬度的一些常用方法。

2. 掌握邵氏硬度测量的基本原理及测量方法。

二、实验原理

本实验采用邵氏硬度计，将规定形状的压针，在标准的弹簧压力下和规定的时间内，把压针压入试样的深度转换为硬度值，表示该试样材料的邵氏硬度值。邵氏硬度计不适应于泡沫塑料。

邵氏硬度计主要由读数度盘、压针、下压板及压针施加压力的弹簧组成。压针的尺寸及其精度如图 3-12 所示。

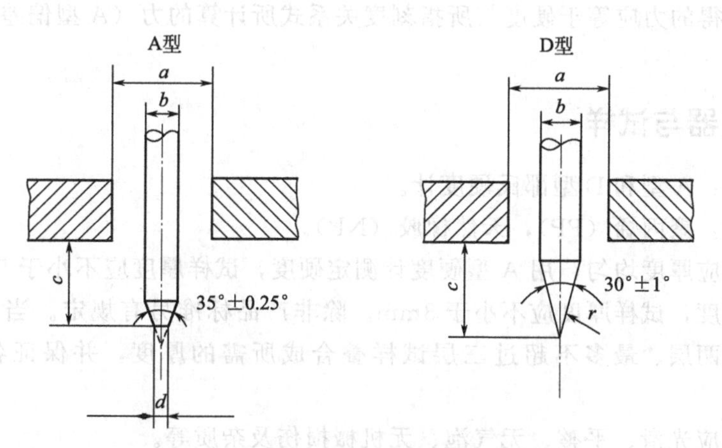

图 3-12　邵氏A型和D型硬度计压针

a—ϕ3.00±0.50；b—ϕ1.25±0.15；c—ϕ2.50±0.04；
d—ϕ0.79±0.03；r—ϕ0.1±0.012

(1) 读数度盘为100分度，每一分度相当于一个邵氏硬度值。当压针端部与下压板处于同一平面时，即压针无伸出，硬度计度盘指示为100，当压针端部距离下压板(2.50±0.04)mm时，即压针完全伸出，硬度计度盘应指示为0。

(2) 压力弹簧对压针所施加的力应与压针伸出压板位移量有恒定的线性关系。其大小与硬度计所指刻度的关系如下式所示。

A型硬度计：

$$F_A = 56 + 7.66H_A \quad (gf)$$

$$\text{或} \quad F_A = 549 + 75.12H_A \quad (mN) \qquad (3\text{-}12)$$

D 型硬度计：

$$F_D = 45.36H_D \quad (gf)$$

$$\text{或} \quad F_D = 444.83H_D \quad (mN) \qquad (3\text{-}13)$$

式中，F_A、F_D 分别为弹簧施加于 A 型和 D 型硬度计压针上的力，mN 或 gf；H_A、H_D 分别为 A 型硬度计和 D 型硬度计的读数。

(3) 下压板为硬度计与试样接触的平面，它应有直径不小于 12mm 的表面，在进行硬度测量时，该平面对试样施加规定的压力，并与试样均匀接触。

(4) 测定架应备有固定硬度计的支架、试样平台（其表面应平整、光滑）和加载重锤。实验时，硬度计垂直安装在支架上，并沿压针轴线方向加上规定质量的重锤，使硬度计下压板对试样有规定的压力。对于邵氏 A 为 1kg，邵氏 D 为 5kg。

硬度计的测定范围为 20～90 之间，当试样用 A 型硬度计测量硬度值大于 90 时，改用邵氏 D 型硬度计测量，用 D 型硬度计测量硬度值低于 20 时，改用 A 型硬度计测量。

硬度计的校准：在使用过程中，压针的形状和弹簧的性能都会发生变化，因此对硬度计的弹簧压力、压针伸出最大值及压针形状和尺寸应定期检查校准。推荐使用邵氏硬度计检定仪校准弹簧力。压针弹簧力的检定误差，A 型硬度计要求偏差在±0.4g 之内，D 型硬度计偏差在±2.0g 以内。若无邵氏硬度计检定仪，也可用天平秤来校准，只是被测得的力应等于硬度与所指刻度关系式所计算的力（A 型偏差±8g，D 型偏差±45g）。

三、实验仪器与试样

(1) 仪器：A 型和 D 型邵氏硬度计。

(2) 试样：聚丙烯（PP），天然橡胶（NR）。

(3) 试样应厚度均匀，用 A 型硬度计测定硬度，试样厚度应不小于 5mm。用 D 型硬度计测定硬度，试样厚度应不小于 3mm。除非产品标准另有规定。当试样厚度太薄时，可以采用两层、最多不超过三层试样叠合成所需的厚度，并保证各层之间接触良好。

试样表面应光滑、平整、无气泡、无机械损伤及杂质等。

试样大小应保证每个测量点与试样边缘距离不小于 12mm，各测量点之间的距离不小于 6mm。可以加工成 50mm×50mm 的正方形或其他形状的试样。

每组试样的测量点不少于 5 个，可在一个或几个试样上进行。

四、实验步骤

① 按 GB 2411—2008《塑料和硬橡胶使用硬度计测定压痕硬度（邵氏硬度）》中第 7 条规定调节实验环境并检查和处理试样。对于硬度与温度无关的材料，实验前应在实验环境中至少放置 1h。

② 将硬度计垂直安装在硬度计支架上，用厚度均匀的玻璃平放在试样台上，在相

应的重锤作用下使硬度计下压板与玻璃完全接触，此时读数盘指针应指示100，当指针完全离开玻璃片时，指针应指示0。允许最大偏差为±1个邵氏硬度值。

③ 将待测试样置于测定架的试样平台上，使压针头离试样边缘至少12mm，平稳而无冲击地使硬度计在规定重锤的作用下压在试样上，下压板与试样完全接触15s后立即读数。如果规定要瞬时读数，则在下压板与试样完全接触后1s内读数。

④ 在试样上相隔6mm以上的不同点处测量硬度至少5次，取其平均值。

注意：如果实验结果表明，不用硬度计支架和重锤也能得到重复性较好的结果，也可以用手压紧硬度计直接在试样上测量硬度。

五、数据处理

1. 硬度值

从读数度盘上读取的分度值即为所测定的邵氏硬度值。用符号HA或HD来表示邵氏A或邵氏D的硬度。如用邵氏A硬度计测得硬度值为50，则表示为50HA。实验结果以一组试样的算术平均值表示。

2. 标准偏差（s）

$$s=\sqrt{\frac{\sum(x-\overline{x})^2}{n-1}} \tag{3-14}$$

式中，x为单个测定值；$\overline{x}$为组试样的算术平均值；n为测定个数。

六、注意事项

在硬度测试实验中，经常会观察到硬度测量计上的读数结果随时间而变化，有些变化快，有些变化慢，因此在不同时刻读到的数据也就会出现不同。这种现象产生的主要原因是各种材料应力松弛特性不同，因此为了保证测试结果的一致性，在进行硬度测试时，须对测试操作时间作严格规定。

七、思考题

1. 硬度实验中为何对操作时间要求严格？
2. 测定材料硬度还有哪些方法？各方法适用的材料类型是什么？
3. 聚合物的硬度与其模量之间有什么关系？

实验十三　聚合物冲击强度的测定（Charpy 方法）

材料的冲击强度是一个工艺上很重要的指标，是材料在高速冲击状态下的韧性或对断裂抵抗能力的量度。与材料的其他极限性能不同，它是指某一标准试样在断裂时单位面积上所需要的能量，而不是通常所指的“断裂应力”。冲击强度不是材料的基本参数，而是一定几何形状的试样在特定实验条件下韧性的一个指标。冲击韧性值是反映材料抵抗冲击载荷的综合性能指标，它随着试样的绝对尺寸、缺口形状、实验温度等的变化而不同。

一、实验目的与要求

1. 掌握高分子材料冲击性能测试的简支梁冲击实验方法、操作及其实验结果处理。
2. 了解测试条件对测定结果的影响。

二、实验原理

把摆锤从垂直位置挂于机架的扬臂上以后，此时扬角为 α（如图 3-13），它便获得了一定的位能，如任其自由落下，则此位能转化为动能，将试样冲断，冲断以后，摆锤以剩余能量升到某一高度，升角为 β。

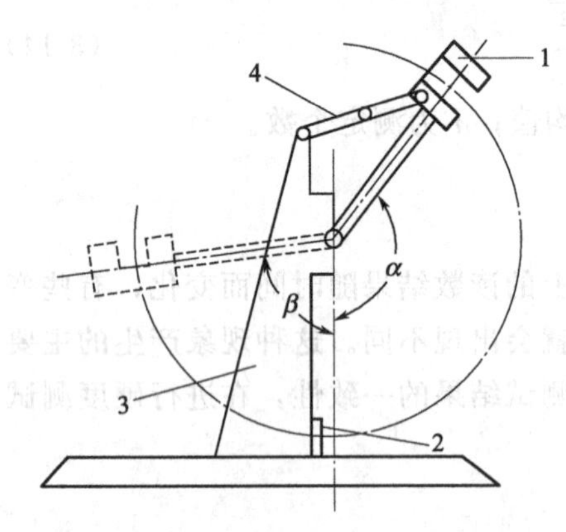

图 3-13　摆锤式冲击实验机工作原理

1—摆锤；2—试样；3—机架；4—扬臂

根据摆锤冲断试样后升角 β 的大小，即可绘制出读数盘，由读数盘可以直接读出冲断试样时所消耗的功的数值。将此功除以试样的横截面积，即为材料的冲击强度。

三、实验仪器与试样

（1）仪器：摆锤式简支梁冲击机。

（2）试样

① 注塑标准试样表面应平整、无气泡、无裂纹、无分层和无明显杂质，缺口试样在缺口处应无毛刺。试样类型和尺寸以及相对应的支撑线间距见表 3-10；试样缺口的类型和尺寸如表 3-11 和图 3-14 所示。优选试样类型为 1 型，优选项缺口类型为 A 型。

表 3-10　试样类型、尺寸及对应的支撑线间距　　单位：mm

试样类型	长度 L		宽度 b		厚度 d		支撑线间距 L
	基本尺寸	极限偏差	基本尺寸	极限偏差	基本尺寸	极限偏差	
1	80	±2	10	±0.5	4	±0.2	60
2	50	±1	6	±0.2	4	±0.2	40
3	120	±2	15	±0.5	10	±0.5	70
4	125	±2	13	±0.5	13	±0.5	95

表 3-11　缺口类型和制品尺寸　　　　单位：mm

试样类型	缺口类型	缺口剩余厚度 d_k	缺口底部圆弧半径 r		缺口宽度 n	
			基本尺寸	极限偏差	基本尺寸	极限偏差
1,2,3,4	A	$0.8d$	0.25	±0.05	—	—
	B	$0.8d$	1.0	±0.05	—	—
1,3	C	$\frac{2}{3}d$	≤0.1	—	2	±0.2
2	C		≤0.1	—	0.8	±0.1

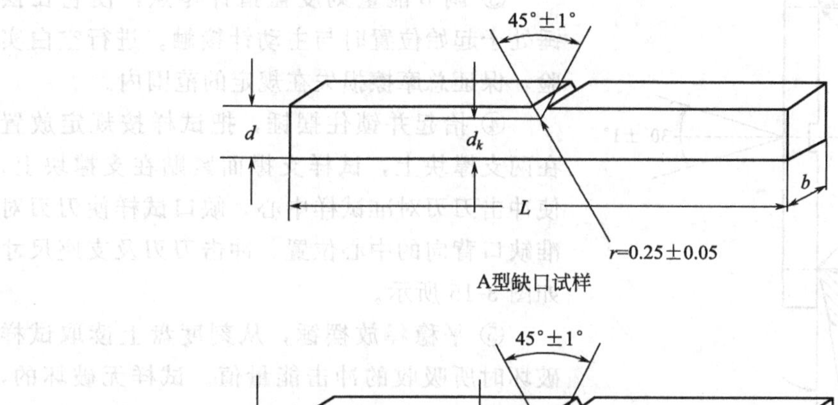

A型缺口试样

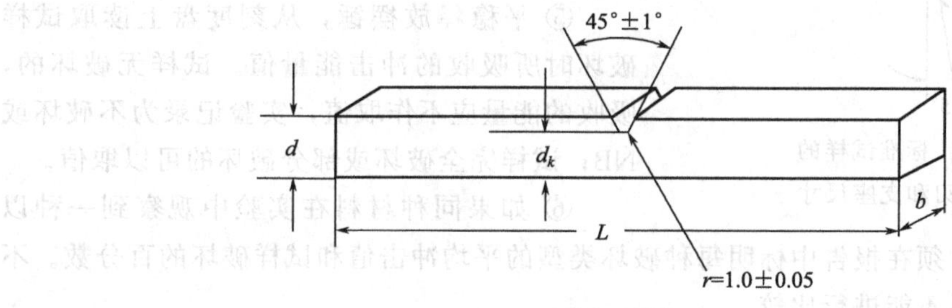

B型缺口试样

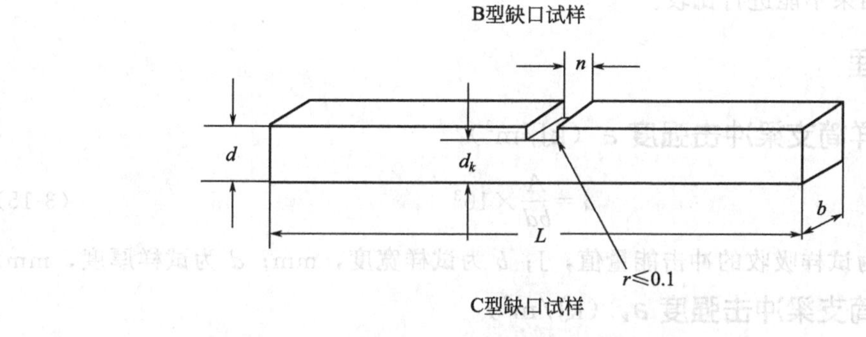

C型缺口试样

图 3-14　缺口试样类型及尺寸

② 板材试样。板材试样厚度在 4～13mm 之间时取原厚度。大于 13mm 时应从两面均匀地进行机械加工到（10±0.5)mm。4 型试样的厚度必须加工到 13mm。

当使用非标准厚度试样时，缺口深度与试样厚度尺寸之比也应满足表 3-11 的要求，厚度小于 3mm 的试样不做冲击实验。

如果受试材料的产品标准有规定，可用带模塑缺口的试样，模塑缺口试样和机械加工缺口的试样实验结果不能相比。除受试材料的产品标准另有规定外，每组试样数应不少于 10 个。各向异性材料应从垂直和平行于主轴的方向各切取一组试样。

四、实验步骤

① 对于无缺口试样，分别测定试样中部边缘和试样端部中心位置的宽度和厚度，并取其平均值为试样的宽度和厚度，准确至0.02mm。缺口试样应测量缺口处的剩余厚度，测量时应在缺口两端各测一次，取其算术平均值。

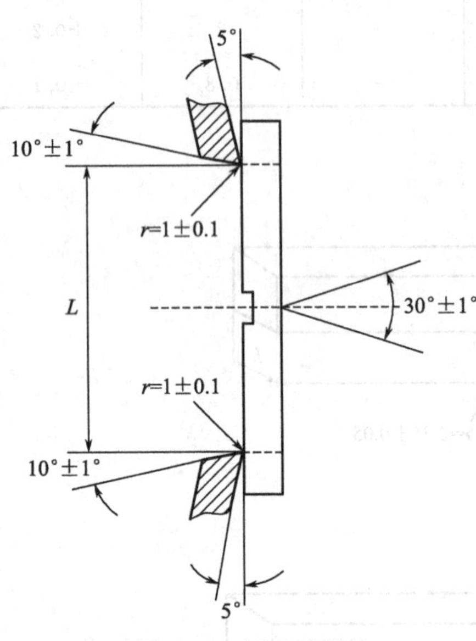

图 3-15 标准试样的冲击刀刃和支座尺寸

② 根据试样破坏时所需的能量选择摆锤，使消耗的能量在摆锤总能量的10%～85%范围内。

③ 调节能量刻度盘指针零点，使它在摆锤处于起始位置时与主动针接触。进行空白实验，保证总摩擦损失在规定的范围内。

④ 抬起并锁住摆锤，把试样按规定放置在两支撑块上，试样支撑面紧贴在支撑块上，使冲击刀刃对准试样中心，缺口试样使刀刃对准缺口背向的中心位置。冲击刀刃及支座尺寸如图3-15所示。

⑤ 平稳释放摆锤，从刻度盘上读取试样破坏时所吸收的冲击能量值。试样无破坏的，吸收的能量应不作取值，实验记录为不破坏或NB；试样完全破坏或部分破坏的可以取值。

⑥ 如果同种材料在实验中观察到一种以上的破坏类型时，须在报告中标明每种破坏类型的平均冲击值和试样破坏的百分数。不同破坏类型的结果不能进行比较。

五、数据处理

1. 无缺口试样简支梁冲击强度 a（kJ/m²）

$$a=\frac{A}{bd}\times 10^3 \tag{3-15}$$

式中，A 为试样吸收的冲击能量值，J；b 为试样宽度，mm；d 为试样厚度，mm。

2. 缺口试样简支梁冲击强度 a_k（kJ/m²）

$$a_k=\frac{A_k}{bd_k}\times 10^3 \tag{3-16}$$

式中，A_k 为试样吸收的冲击能量值，J；b 为试样宽度，mm；d_k 为缺口试样缺口处剩余厚度，mm。

3. 标准偏差 s

$$s=\sqrt{\frac{\sum(x-\overline{x})^2}{n-1}} \tag{3-17}$$

式中，x 为单个试样测定值；$\overline{x}$ 为一组测定值的算术平均值；n 为测定值个数。

六、注意事项

实验过程中注意安全。在做空击和冲击实验过程时，其他人应远离冲击试验机。试样冲断后应及时捡回并观察断裂情况是否符合要求。试样无破坏的冲击值应不作取值。试样完全破坏或部分破坏的可以取值。

七、思考题

1. 如果试样上的缺口是机械加工而成，加工缺口过程中，哪些因素会影响测定结果?

2. 相同聚合物的缺口试样和无缺口试样，测得的冲击强度是否相同?它们之间有什么关系?

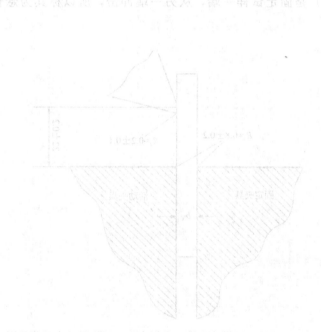

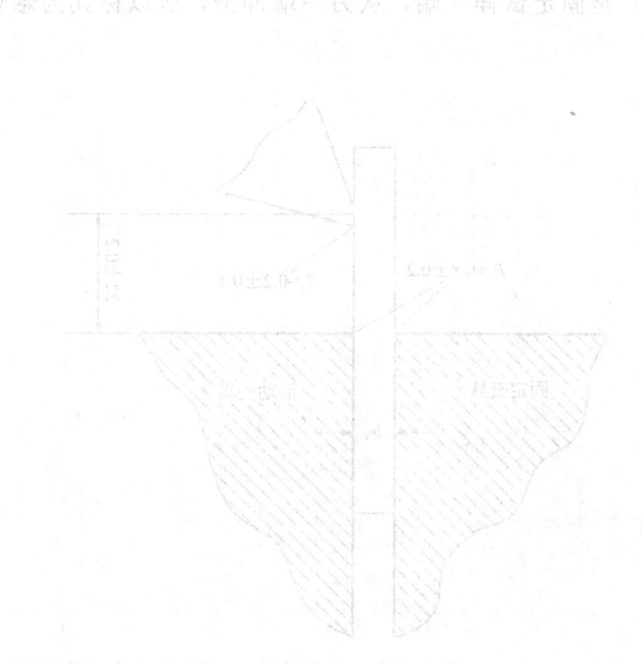

实验十四　聚合物冲击强度的测定（Izod 方法）

一、实验目的与要求

1. 掌握高分子材料冲击性能测试的悬臂梁冲击实验方法、操作及其实验结果处理。
2. 了解测试条件对测定结果的影响。

二、实验原理

把摆锤从垂直位置挂于机架的扬臂上以后，它便获得了一定的位能，如任其自由落下，则此位能转化为动能，将试样冲断，冲断以后，摆锤以剩余能量升到某一高度。根据摆锤冲断试样后升到的高度，即可绘制出读数盘，由读数盘可以直接读出冲断试样时所消耗的功的数值。将此功除以试样的横截面积，即为材料的冲击强度。

与实验十三（Charpy 方法）相比，本实验所用试样类型、尺寸及缺口形状与尺寸都是相同的，冲击强度的计算也是相同的，相关内容可参见实验十三。不同的是试样冲击的方式，Charpy 方法是从简支梁放置试样的中间或缺口背面进行冲击破坏，而本实验方法（Izod 方法）是固定试样一端，从另一端冲击，所以称其为悬臂梁冲击，如图 3-16 所示。

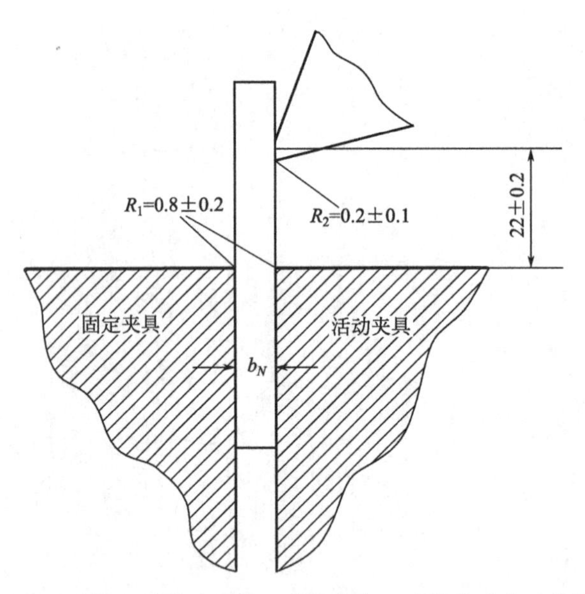

图 3-16　无缺口试样冲击处、虎钳支座、试样及冲击刃位置图

三、实验仪器与试样

1. 仪器

摆锤式悬臂梁冲击机应具有刚性结构，能测量破坏试样所吸收的冲击能量值 W，其值为摆锤初始能量与摆锤在破坏试样之后剩余能量的差，应对该值进行摩擦和风阻校

正（见表 3-12）。

表 3-12　悬臂梁摆锤冲击实验机的特性

能量 E/J	冲击速度 V_S/(m/s)	无试样时的最大摩擦损失/J	有试样经校正后的允许误差/J
1.0	3.5(±10%)	0.02	0.01
2.75		0.03	0.01
5.5		0.03	0.02
11.0		0.05	0.02
22.0		0.10	0.10

2. 试样

（1）模塑和挤塑料最佳试样为 1 型试样，长 80mm，宽 10.00mm；最佳缺口为 A 型，如图 3-17 所示。如果要获得材料对缺口敏感的信息，应实验 A 型和 B 型缺口（具体尺寸见表 3-13）。

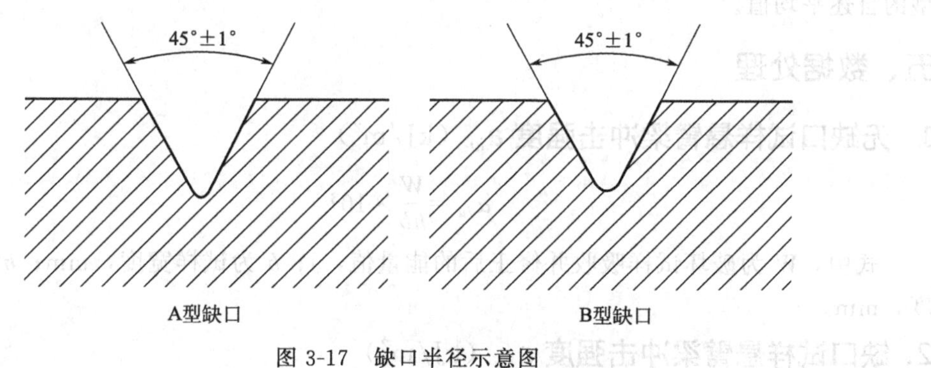

图 3-17　缺口半径示意图

表 3-13　方法名称、试样类型、制品类型及尺寸

方法名称	试样类型	缺口类型	缺口底部半径 r_N/mm	缺口底部的剩余宽度 b_N/mm
GB 1843/1U	1	无缺口	—	—
GB 1843/1A	1	A	0.25±0.05	8.0±0.2
GB 1843/1B	1	B	1.0±0.05	8.0±0.2

除受试材料标准另有规定，一组应测试 10 个试样，当变异系数小于 5%时，测试 5 个试样。

（2）试样制备应按照 GB 5471—2008、GB 9352—2008 或材料有关规范进行制备，1 型试样可按 GB 11997—2008 方法制备的 A 型试样的中部切取；板材用机械加工制备试样时应尽可能采用 A 型缺口的 1 型试样，无缺口试样的机加工面不应朝冲锤；各向异性的板材需从纵横两个方向各取一组试样进行实验。

四、实验步骤

① 除有关方面同意采用别的条件如在高温或低温实验外，都应在与状态调节相同的环境中进行实验。

② 测量每个试样中部的厚度和宽度或缺口试样的剩余宽度 b_N，精确到 0.02mm。

③ 检查实验机是否有规定的冲击速度和正确的能量范围，破断试样吸收的能量在摆锤容量的10%～80%范围内，若表3-12中所列的摆锤中有几个都能满足这些要求时，应选择其中能量最大的摆锤。

④ 进行空白实验，记录所测得的摩擦损失，该能量损失不能超过表3-12所规定的值。

⑤ 抬起并锁住摆锤，正置试样冲击。测定缺口试样时，缺口应放在摆锤冲击刃的一边。释放摆锤，记录试样所吸收的冲击能，并对其摩擦损失等进行修正。

⑥ 试样可能出现四种破坏类型，即完全破坏（试样断开成两段或多段）、铰链破坏（断裂的试样由没有刚性的很薄表皮连在一起的一种不完全破坏）、部分破坏（除铰链破坏外的不完全破坏）和不破坏。测得的完全破坏和铰链破坏的值用以计算平均值。在部分破坏时，如果要求部分破坏值，则以字母P表示。完全不破坏时用NB表示，不报告数值。

⑦ 在同一样品中，如果有部分破坏和完全破坏或铰链破坏时，应报告每种破坏类型的自述平均值。

五、数据处理

1. 无缺口试样悬臂梁冲击强度 a_{iu}（kJ/m²）

$$a_{iu}=\frac{W}{hb}\times 10^3 \tag{3-18}$$

式中，W 为破坏试样吸收并修正后的能量值，J；b 为试样宽度，mm；h 为试样厚度，mm。

2. 缺口试样悬臂梁冲击强度 a_{iN}（kJ/m²）

$$a_{iN}=\frac{W}{hb_N}\times 10^3 \tag{3-19}$$

式中，W 为破坏试样吸收并修正后的能量值，J；h 为试样厚度，mm；b_N 为缺口试样缺口底部的剩余宽度，mm。

计算一组实验结果的算术平均值，取两位有效数字，在同一样品中存在不同的破坏类型时，应注明各种破坏类型试样的数目和算术平均值。

3. 标准偏差 s

$$s=\sqrt{\frac{\sum(x_i-\overline{x})^2}{n-1}} \tag{3-20}$$

式中，x_i 为单个试样测定值；$\overline{x}$ 为一组测定值的算术平均值；n 为测定值个数。

六、思考题

1. 如何从配方及工艺上提高高分子材料的冲击强度？
2. 聚合物冲击强度与其结构有何关系？
3. 实际应用中，哪些类型的制品需要提高其冲击性能？

第四章 聚合物的热性能

实验十五 膨胀计法测定聚合物的玻璃化转变温度

玻璃化转变温度 T_g 是聚合物的特征温度之一，与高分子链的柔顺性等结构因素有关，同时与材料所处的环境有关，研究聚合物的玻璃化转变温度具有非常重要的理论和工艺意义。所谓塑料和橡胶，就是按它们的玻璃化转变温度是在室温以上还是在室温以下而分的。从工艺角度来看，玻璃化转变温度是非晶态热塑性塑料的使用温度上限，是橡胶或弹性体使用温度的下限。

聚合物在玻璃化转变时，除力学性质如形变、模量等会发生明显变化外，许多其他物理性质如比体积、膨胀系数、比热容、热导率、密度、折射率、介电常数等，也都有很大的变化。原则上，所有在玻璃化转变过程中发生突变或不连续变化的物理性质，都可以用来测定聚合物的玻璃化转变温度。本实验采用膨胀计法测定聚合物的玻璃化转变温度，它是利用聚合物在玻璃化转变过程中体积的变化来测量的。

一、实验目的与要求

1. 掌握膨胀计法测定聚合物玻璃化转变温度的方法。
2. 了解升、降温速率对玻璃化转变温度的影响。
3. 理解玻璃化转变的自由体积理论。

二、实验原理

聚合物的玻璃化转变现象是一个极为复杂的现象，它的本质至今还不完全了解。对聚合物玻璃化转变本质的看法集中起来有两种，一种观点认为玻璃化转变本质上是一个动力学问题，是一个松弛过程。聚合物有自己的分子内部时间尺度，当外力作用时间

（或实验观察时间，或实验时间）与该内部时间尺度相当（大致相等或同数量级）时，即发生松弛转变。另一种观点认为，玻璃化转变本质上是一个平衡热力学二级相转变，虽然在实验观测到的T_g具有动力学性质（与过程有关），那只是需要无限长时间达到平衡的热力学转变温度的一个显示。实际上，在实验观测中，我们确实只能发现玻璃化转变的速率特征，但是认为玻璃化转变是一个二级相转变，并以此为基础做出的理论推导在解释T_g与共聚、增塑、交联等因素的关系上却取得了满意的结果。这两种看似矛盾的观点很可能是说明了同一现象的不同方面，与其说它们相互矛盾，还不如说它们是相互补充的。

玻璃化转变的自由体积理论（Free Volume Theory）最早是由 Fox 和 Flory 提出的。自由体积理论认为，液体或固体的整个体积包括两部分：一部分是分子本身占据的，称为占有体积（Occupied Volume）；另一部分是分子间的空隙，称为自由体积（Free Volume），它以大小不等的空穴（单体分子数量级）无规分布在聚合物中，提供了分子活动的空间，使分子链可能通过转动和位移而调整构象。

非晶态聚合物在T_g以下即玻璃态时，链段运动被冻结，自由体积也被冻结，聚合物随温度增加而发生的膨胀只是正常的分子膨胀过程造成的；在T_g以上时，链段可以运动，此时，除正常的分子膨胀外，自由体积也发生膨胀。因此，高弹态时的膨胀系数比下玻璃态的大。可用下式表示：

$$\begin{aligned} f&=f_g \qquad (T<T_g) \\ f&=f_g+\alpha_f(T-T_g) \qquad (T\geqslant T_g) \end{aligned} \tag{4-1}$$

式中，f为自由体积分数；f_g为玻璃态时的自由体积分数，约为0.025；α_f为自由体积的膨胀系数，约为$4.8\times10^{-4}\text{K}^{-1}$（具体数值按 WLF 方程估算）。

从上式可以看出，聚合物在升温过程中，在玻璃态时，自由体积分数保持2.5%不变，当自由体积分数开始增加时，聚合物进入高弹态，即自由体积分数开始增加的温度就是聚合物的玻璃化转变温度。相反，当聚合物从高弹态降温时，自由体积分数逐渐减小，当自由体积分数不再减小时，体系进入玻璃态。

膨胀计法测定聚合物的玻璃化转变温度就是直接测定聚合物的体积随温度的变化，以体积或比体积对温度作图，如图 4-1 所示。从曲线的两个直线段外推得一交点，该交点所对应的温度即为聚合物的玻璃化转变温度。由于实验过程中观察到的玻璃化转变不是一个热力学平衡过程，而是一个松弛过程，因此T_g值的大小与测试条件有关。

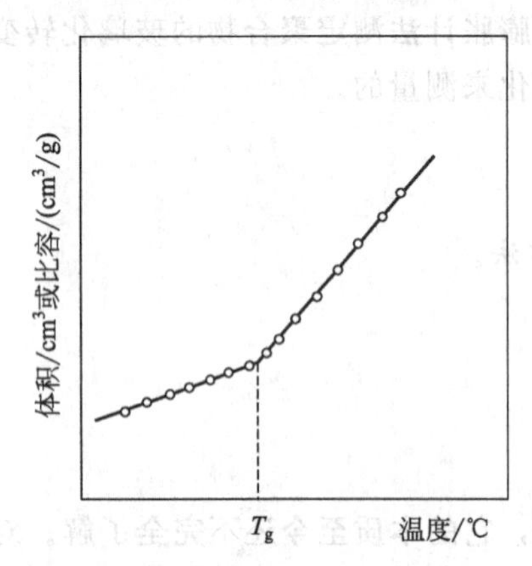

图 4-1 非晶态聚合物的体积（或比体积）-温度曲线

当实验为降温过程时，随着温度的下降，分子通过链段运动不断调整构象，多余的自由体积被腾出并逐渐扩散出去，即聚合物体积减小，自由体积也在减小。随着温度的下降，体系黏度逐渐增大，链段活动能力逐渐下降，这种位置调整不能及时进行，所以聚合物的实际体积总是比该温度下的平衡体积要大。进入玻璃态时，自由体积被冻结，曲线发生转折，转折点对应的体积比该温度下的平衡体积要大，对应的温度比平衡转变温度要高。而且，随着降温速率的增加，转折点对应的体积比平衡体积大的越多，对应的转折温度也越高。即降温速率越大，测得的 T_g 值越大。升温速率对 T_g 值的影响也是如此。

三、实验仪器与试样

（1）仪器：膨胀计，恒温水浴，温度计（0～250℃）。实验装置如图 4-2 所示。

（2）试样：颗粒状尼龙 6，丙三醇等。

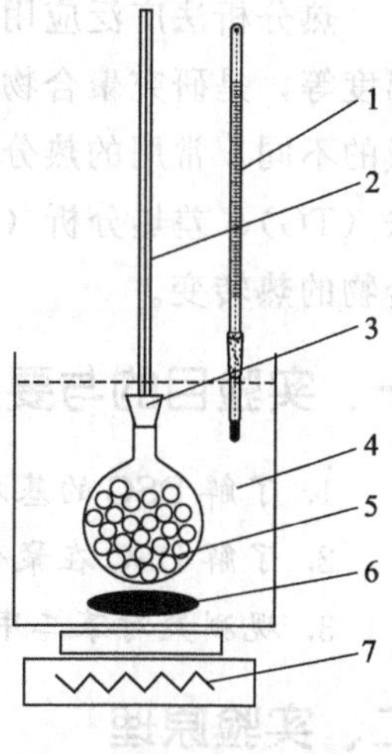

图 4-2　膨胀测试示意图

1—温度计；2—带刻度的毛细管；3—标准磨口；4—水浴；5—玻璃膨胀计；6—搅拌磁子；7—加热器

四、实验步骤

① 洗净膨胀计，烘干。

② 装入尼龙 6 颗粒至膨胀计的 4/5 左右。

③ 在膨胀计内加满介质丙三醇，用玻璃棒搅动或抽气，保证膨胀计内没有气泡，特别是尼龙 6 颗粒表面没有吸附气泡。

④ 插上毛细管，使丙三醇的液面在毛细管下部，磨口接头用弹簧固定，如果毛细管内有气泡，需要重新装。

⑤ 将装好的膨胀计浸入水浴中，控制水浴升温速率为 1℃/min。

⑥ 读取水浴温度和毛细管内丙三醇液面的高度（在 30～55℃之间每升温 1℃读数一次），直到 55℃为止。

⑦ 将已装好样品的膨胀计充分冷却后，重复步骤上述测试步骤，但升温速率为 2℃/min。

⑧ 用毛细管内液面高度对温度作图。从两直线段分别外延，交点所对应的温度即为该升温速率下尼龙 6 的玻璃化转变温度。

五、数据处理

记录两次实验的升温速率、水浴温度、对应毛细管内液面高度，用液面高度对温度作图，将两直线段外推，求出交点所对应的温度，即为该测试条件下尼龙 6 的 T_g。

六、思考题

1. 用自由体积理论说明膨胀计法测定聚合物玻璃化转变温度的原理。
2. 从聚合物运动的特点说明升、降温速率对所测 T_g 值大小的影响。

实验十六　差示扫描量热法观测聚合物的热转变

热分析法广泛应用于研究物质的各种物理转变与化学反应，测定物质的组成、特征温度等，是研究聚合物结构、分子运动、热转变的一类非常重要的方法。根据观测物理量的不同，常用的热分析法包括热机械分析（TMA）、动态热机械分析（DMA）、热重法（TG）、差热分析（DTA）、差示扫描量热法（DSC）等。本实验采用DSC来观测聚合物的热转变。

一、实验目的与要求

1. 了解DSC的基本工作原理。
2. 了解DSC在聚合物凝聚态结构、分子运动及性能研究中的应用。
3. 观测聚对苯二甲酸乙二醇酯的热转变，初步掌握DSC谱图分析技术。

二、实验原理

DSC测量的基本原理是，在程控温度下，测量维持待测样品与参比物温度一致的情况下输入到样品与参比物之间的功率差与温度（或时间）的关系。根据其工作原理，DSC可分为热流型与功率补偿型两种。热流型DSC中，样品与参比物放置在同一个炉子内，以相同的功率加热，其中参比物在测试温度范围内不具有任何热效应，其温度随加热时间线性增加。当样品状态发生变化，出现放热（如结晶等）、吸热（如晶体熔融、脱结晶水等）或发生化学反应的热效应等情况时，样品与参比物间会出现温度差。测定温度差，将其换算成热量差并作为信号输出。在功率补偿型DSC中，样品与参比物放置在两个独立加热器的热台上（如图4-3所示），当样品状态变化而产生热效应时，系统立即调整两个热台的加热功率，总是维持样品与参比物的温度相同。测定输入到样品与参比物的功率差，直接作为信号输出。

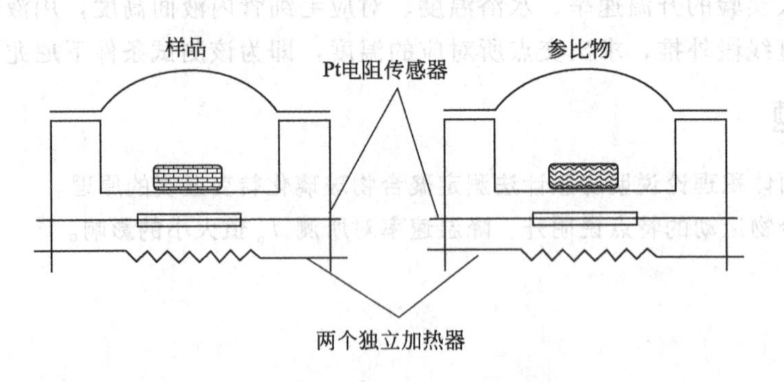

图4-3　功率补偿型DSC示意图

DSC在聚合物测试与研究中的应用较多，常用于研究聚合物的结晶行为、聚合物液晶的多重转变、共混物的相容性以及聚合物热稳定性、辅助聚合物剖析等方面。典型的 DSC 谱图如图 4-4 所示。

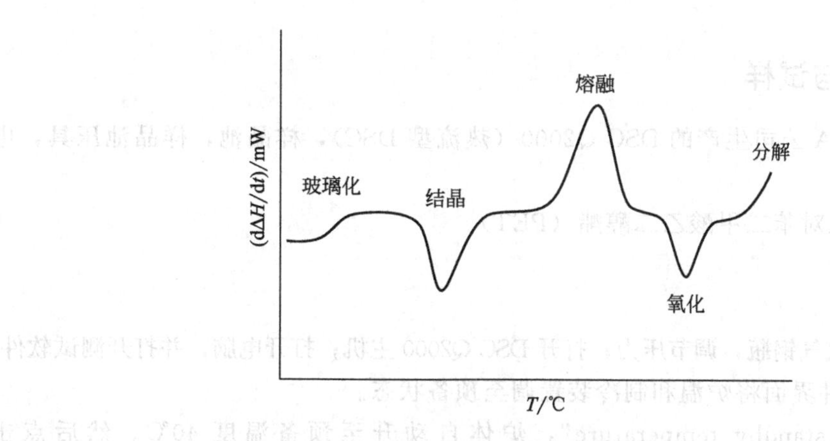

图 4-4　典型的 DSC 谱图

研究聚合物的结晶过程。当聚合物在升温或降温过程中结晶，由于结晶放热使样品温度高于与参比物，二者出现温度差，系统将立即对样品炉进行负功率补偿，即降低样品炉的加热功率，从而使样品与参比物温度一致。将两炉的功率差对温度或时间作图，即可得到相应的 DSC 谱图。分析谱图，可以得到聚合物的结晶温度 T_c（通常将结晶峰对应的温度作为结晶温度）和结晶焓 ΔH_c。同样的原理，DSC 也可用来测定聚合物的等温结晶过程。将熔融的聚合物快速冷却（淬冷）至所设定的温度，保持该温度不变，测定功率差，并将其对结晶时间作图。该谱图可用 Avrami 方程进行数据处理，得到在该结晶温度下聚合物的结晶速率常 K、Avrami 指数 n 以及半结晶时间 $t_{1/2}$、结晶速率 G。

研究晶态聚合物的熔融过程。晶态聚合物在升温过程中会出现熔融，伴随着吸热现象，样品温度会低于参比物温度，系统将增加样品炉的加热功率来进行补偿，始终使样品与参比物温度一致。将功率差对温度或时间作图同样可以得到 DSC 谱图，对熔融峰分析可以得到样品的熔点 T_m（通常将熔融峰对应的温度作为熔点）以及熔融焓 ΔH_m，进一步与标准熔融焓比较，可以得到样品的结晶度 X_c。采用 DSC 测定聚合物的结晶度时，结晶度按结晶聚合物熔融所吸收的热量 ΔH_m 与理论上 100%结晶的同一聚合物熔融所吸收的热量 ΔH_m^0（可从手册中查得）之比进行计算。考虑到某些聚合物在升温过程中继续结晶（结晶过程放热 ΔH_c），样品原始的结晶度（指在 DSC 分析之前的结晶度）可按下式计算：

$$X_{c,DSC}=\frac{\Delta H_m-\Delta H_c}{\Delta H_m^0}\times 100\% \tag{4-2}$$

研究聚合物的玻璃化转变。根据玻璃化转变的热力学理论，在发生玻璃化转变时，Gibbs 自由能的二阶导数（恒压热容、体膨胀系数等）会出现不连续的突变。在 DSC 分析中，当温度升高至玻璃化转变温度时，样品热容出现突变，在谱图中表现了基线的突变，由此可以确定聚合物的 T_g。需要注意的是，聚合物发生玻璃化转变时，链段运动被激发，由于链段运动是一个松弛过程，因此 T_g 值的大小强烈依赖于测试条件（如测量方法、升温速率或降温速率等），在报道测试结果时，需要说明测量方法及测试条件。

三、实验仪器与试样

（1）仪器：TA 公司生产的 DSC Q2000（热流型 DSC），样品池，样品池压具，电子天平。

（2）试样：聚对苯二甲酸乙二醇酯（PET）。

四、实验步骤

① 打开高纯氮气钢瓶，调节压力；打开 DSC Q2000 主机；打开电脑，并打开测试软件。

② 在测试软件界面将炉温和制冷装置调至预备状态。

点击“go to standby temperature”，炉体自动升至预备温度 40℃。然后点击“event on”，机械制冷装置开始工作，几分钟后 flange 温度降至－80℃以下。此时，仪器已经进入预备状态。

③ 测试样品。

a. 在天平上准确衡量 5～10mg 的 PET 样品，放于铝制坩埚中，加盖后用压具密封。

b. 将样品炉打开，在左前方的热台上放置空的铝制坩埚作参比物，在右后方的热台上放置装有 PET 样品的铝制坩埚，并关上炉体。

c. 填入样品名称和质量，设置测试程序，开始测试。

具体步骤为：以 10℃/min 的升温速率从 40℃升至 300℃；在 300℃保持 10min，再以 10℃/min 的降温速率降至 40℃；最后以 10℃/min 的升温速率从 40℃扫描至 300℃。至此，虽然测试步骤结束，但需要将设备降至预备温度 40℃。因此，在程序中需再增加一步降温程序，降至 40℃。

d. 测试完毕，取出样品坩埚，关上炉体。点击“event off”，制冷装置停止工作，待 flange 温度回升至室温，才可关闭测试软件，再关闭 DSC Q2000 主机开关、机械制冷装置开关和高纯氮气钢瓶阀门。

e. 谱图分析。打开谱图分析软件，调出已测数据曲线，分析曲线中的热转变。

五、数据处理

利用仪器自带的分析软件，分析三次扫描过程（两次升温、一次降温）的谱图，分别求出玻璃化转变温度 T_g、结晶温度 T_c、结晶热 ΔH_c、熔点 T_m、熔融热 ΔH_m 以及结晶度 X_c。

六、注意事项

1. 当热台温度在零下或高温状态时，切勿打开炉体。每次打开炉体前，检查保证热台处于预备温度。

2. 测试开始前，检查保证热台进入“standby temperature”状态；另外，检查“event on”，使机械制冷装置正常运行至“flange”温度到达－80～90℃。关闭测试软件之前，检查保证“flange”温度回复至室温附近。

3. 实验温度上限应低于高分子样品分解温度。如果测试其他样品，应保证测试温度范围内不应有小分子物质逸出，以免污染设备。在不清楚测试过程时，最好在待测温度区间内先对样品做热重分析，以确认 DSC 测试的上限温度。

七、思考题

1. 为什么在 DSC 谱图中聚合物的玻璃化转变表现为基线的突变？
2. 如果实验升、降温速率减小（如 5℃/min），测得的玻璃化转变温度会如何变化？
3. 实验中两次升温扫描所测得的结晶度为什么不相同？

实验十七　动态力学热分析仪测定聚合物的玻璃化转变温度

动态力学分析（DMA）用来测量各种材料在宽广范围内的力学性质，DMA 可通过瞬态实验或动态实验测定材料的黏弹性。瞬态测试包括蠕变或应力松弛。动态实验最常用的是动态振荡测试，可得到样品的储能模量、损耗模量和力学损耗（$\tan\delta$），$\tan\delta$ 提供了弹性组分与黏性组分之间的关系信息。

动态力学分析对聚合物分子运动状态的反映十分灵敏，可以利用该技术来确定聚合物由于其分子发生不同程度运动而导致的各种特征拐点，例如聚合物的玻璃化转变温度（T_g）、熔点、分解温度等。通过考察模量和力学损耗随温度、频率以及其他条件变化的特性可得聚合物结构和性能的许多信息，如阻尼特性、相结构及相转变、分子松弛过程、聚合反应动力学等。无论是实际应用或基础研究，动态热力学分析已成为研究高分子材料力学性能的最重要方法之一，人们可灵活地应用 DMA 来开展高分子材料的研究，或解决高分子材料质量控制的有关问题。

一、实验目的与要求

1. 掌握使用 DMA Q800 型动态力学分析仪测定聚合物的动态模量、储能模量和损耗模量的原理及方法。

2. 能够通过数据分析，了解聚合物的结构特性。

二、实验原理

当样品受到变化着的外力作用时，产生相应的应变。在这种外力作用下，对样品的应力-应变关系随温度等条件的变化进行分析，即为动态力学分析。动态力学分析是研究聚合物结构和性能的重要手段，它能得到聚合物的储能模量（E'），损耗模量（E''）和力学损耗（$\tan\delta$），这些物理量是决定聚合物使用特性的重要参数。

本实验采用 DMA Q800 型动态力学分析仪分析聚合物在一定频率下，动态力学性能随温度的变化。

如果在试样上加一个正弦应力 σ，频率为 ω，振幅为 σ_0，则应变 ε 也可以以正弦方式改变，应力与应变之间有一相位差 δ，可分别表示为：

$$\varepsilon=\varepsilon_0\sin\omega t$$

$$\sigma=\sigma_0\sin(\omega t+\delta) \tag{4-3}$$

式中，σ_0 和 ε_0 分别为应力和应变的幅值，将应力表达式展开：

$$\sigma=\sigma_0\sin\omega t\cos\delta+\sigma_0\cos\omega t\sin\delta \tag{4-4}$$

应力可分解为两部分，一部分与应力同相位，峰值为 $\sigma_0\cos\delta$，与储存的弹性能有关，另一部分与应变有 90°的相位差，峰值为 $\sigma_0\sin\delta$，与能量的损耗有关。定义储能模量（E'），损耗模量（E''）和力学损耗（$\tan\delta$）：

$$E'=(\sigma_0/\varepsilon_0)\cos\delta$$

$$E''=(\sigma_0/\varepsilon_0)\sin\delta$$

$$\tan\delta=\frac{\sin\delta}{\cos\delta}=\frac{E''}{E'} \tag{4-5}$$

复数模量（又称动态模量）可表示为：

$$E^{*}=E'+iE'' \tag{4-6}$$

其绝对值为：

$$|E|=\sqrt{E'^{2}+E''^{2}} \tag{4-7}$$

在交变应力作用下，样品在每一周期内所损耗的机械能可通过下式计算：

$$\Delta W=\phi\varepsilon(t)\mathrm{d}\sigma(t)=\pi^{3}E''\varepsilon_{0}^{2} \tag{4-8}$$

ΔW 与 E''成正比，因此，样品损耗机械能的能力高低可以用 E''或 $\tan\delta$ 值的大小来衡量。

动态力学分析对分子运动特别灵敏。当一定温度下高分子链段运动频率与仪器施加频率一致时，由于链段运动而产生的分子间摩擦作用能最大限度地损耗机械能，此时 $\tan\delta$ 值达到最大值。储能模量也随温度上升而大幅度下降。图 4-5 是聚碳酸酯（PC）的动态力学分析曲线。

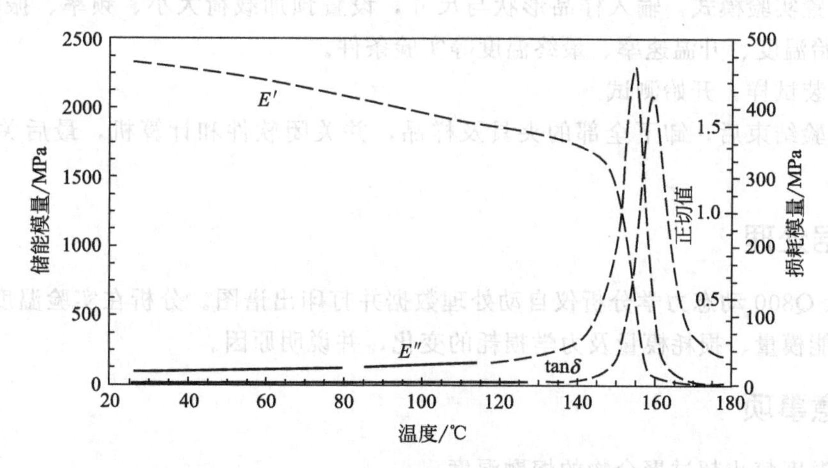

图 4-5　PC 的动态力学分析曲线

（测试频率为 1Hz，储能模量 E'，损耗模量 E''，力学损耗角正切 $\tan\delta$）

三、实验仪器与试样

（1）仪器：动态力学分析仪，产地为美国 TA 公司，型号为 Q800。仪器主要参数。

炉温范围，－150～600℃（注意：设置温度禁止超过材料熔点）；

升温速率，0.1～20℃/min（400℃后 25℃/min）；

降温速率，0.1～20℃/min；

预加力，0.001～18N；

振幅，0.5～10000μm；

频率范围，1.0×10^{-2}～200Hz。

本仪器配置计算机，可通过计算机设置测试条件，完成条件控制、数据处理及打印谱图。

(2) 试样：聚对苯二甲酸乙二醇酯（PET），玻璃化转变温度约 80℃，熔融温度 260℃。

四、实验步骤

1. 样品

将聚对苯二甲酸乙二醇酯（PET）原料（颗粒状）在 120℃真空干燥 12h，采用压制法成型制备薄膜试样。

2. 样条制备

用刀将薄膜裁成厚为 0.5～2.0mm，宽 3～6mm，长 20～30mm 试条备用。

3. DMA 测试部分

① 接通 DMA 电源，开启电脑和动态力学分析仪主机，预热 10min。

② 双击电脑屏幕上的 TA Instrument 应用软件图标，进入测试界面。

③ 样品测试之前，参照仪器说明对力、位移和夹具等三项进行校正。

④ 设置实验模式，输入样品形状与尺寸，设置预加载荷大小、频率、振幅、平衡时间、起始温度、升温速率、最终温度等实验条件。

⑤ 安装试样，开始测试。

⑥ 实验结束后，卸下全部的夹具及样品，并关闭软件和计算机，最后关闭 DMA 电源。

五、数据处理

DMA Q800 动态力学分析仪自动处理数据并打印出谱图。分析在实验温度范围内，聚合物储能模量、损耗模量及力学损耗的变化，并说明原因。

六、注意事项

设置温度禁止超过聚合物的熔融温度。

七、思考题

1. 如何通过动态力学分析仪分析共混聚合物两相相容的情况？
2. 为什么在玻璃化转变区内 tanδ 会出现最大值？

实验十八 维卡软化点与热变形温度的测定

高分子材料（如塑料）耐热性表示在升温环境中材料抵抗由于自身的物理或化学变化引起变形、软化、尺寸改变、强度下降、其他性能降低或工作寿命明显减少等的能力。从受热引起材料的变化性质，可分为物理耐热性和化学耐热性，前者是指对软化、熔融、尺寸变化等的抵抗能力，后者是指对热降解、分解、热氧化、交联、环化、水解等的抵抗能力，即所谓的热稳定性。

一、实验目的与要求

1. 了解维卡软化点、热变形温度测定仪的测定原理。

2. 学会使用维卡软化点、热变形温度测定仪测定材料的维卡软化点及热变形温度。

二、实验原理

对耐热性的实验表征方法可分为短时耐热性实验和长时耐热性实验。

最高连续使用温度是最具实用价值的高分子材料长时耐热性指标，一般认为在该温度下可长时间安全工作，其性能仍可保持不低于初始值的50%，这样的温度称为最高连续使用温度。最高连续使用温度的测定需要对材料进行热老化实验，如塑料最高连续使用温度的测定按GB/T 7142—2002塑料长期热暴露后时间-温度极限的测定进行。ASTM的相应标准是D3045—92（2010）塑料无负荷热老化。

短时耐热性指标主要有马丁耐热温度、热变形温度、维卡耐热温度。

1. 马丁耐热

马丁耐热的测试是在马丁耐热仪上对垂直夹持的试样施以4.9MPa应力，在仪器的炉中以(50±3)℃/h或(10±2)℃/12min的速率均匀升温，测得距试样水平距离240mm处的标度下移(6±0.01)mm时的温度，即为马丁耐热，以℃表示。马丁耐热不适于马丁耐热低于60℃的塑料。实验按GB/T 1699—2003硬质橡胶马丁耐热温度的测定进行。

2. 弯曲负载热变形温度

弯曲负载热变形温度简称热变形温度。该实验是在试验仪上将试样以简支梁方式水平支承，置于热浴装置中，以(12±1)℃/6min速率均匀升温，并施以1.81MPa或0.45MPa弯曲载荷，当试样挠度达到0.21mm时的温度，即为热变形温度。耐热性低的塑料用0.45MPa载荷，一般情况下用1.81MPa。各塑料在相同载荷下的测试值才有可比性。实验按GB/T 1634—2004塑料 负荷变形温度的测定进行。

3. 维卡耐热温度

维卡耐热温度又称维卡软化点。对水平支承并置于热浴槽中以5℃/6min或12℃/6min速率升温的试样，用横截面积1mm^{2}的圆形平头压针施加1kg或5kg压载荷，当针头压入试样深度1mm的温度，即维卡耐热温度。同一加载和同一升温速率的实验间才有可比性。实验按GB/T 1633—2000热塑性塑料维卡软化温度（VST）的测定进行。

以上三种短时耐热性实验结果都不能作为塑料实际使用条件下的工作温度上限。但马丁耐热和热变形温度都可评价出塑料受热时的变形情况，维卡耐热可评价出材料受热时的软化情况，这些指标可用于塑料的质量控制、验收检验、选材时的初步筛选等。

三、实验仪器与试样

(1) 仪器：JJ-TEST HDT/V-2203 维卡软化点、热变形温度测定仪。主要用于非金属材料（如塑料、橡胶、尼龙、电绝缘材料等）的热变形分析及维卡软化点温度的测定。系统技术规格及指标：

温度范围，室温～300℃；

形变测量范围，0～1mm，形变测量误差 0.01mm；

加热介质，甲基硅油。

(2) 试样：PVC 板材，PP 板材。

四、实验步骤

1. 实验试样准备

① 维卡试样厚度应为 3～6mm，宽和长至少为 10mm×10mm，或直径大于10mm。模塑试样厚度为 3～4mm。如果板材试样厚度不足 3mm，可由 2 块但至多不超过 3 块试样叠合成厚度大于 3mm 时，方能进行测定。

② 试样的支撑面和测试面应平行，表面平整光滑，无气泡等缺陷。

③ 每组试样为 3 个。

④ 热变形实验试样尺寸：厚×宽×长为 10mm×10mm×120mm 或 10mm×15mm×120mm。

2. 试样安装方法

① 接通主机电源后，按动“升”按钮，将试样架升出油面。搬动负载杆手柄，把试样放在支撑架上（维卡试样放在平面上），放下负载杆，压紧试样。

② 按动“降”按钮，将试样架浸入浴槽内，试样位于液面 35mm 以下。

③ 根据实验要求，将相应质量的砝码放在托盘上（砝码凹槽向上），砝码要求放正。

④ 调节位移传感器的位置，使其可移动距离大于实验要求的形变量。一般，位移传感器选用的量程为 3～5mm，只需调节其上下位置，使行程大约处于量程的中间即可。

3. 参数设置

(1) 打开计算机，双击“热变形维卡实验软件”，进入主菜单。

(2) 点击“文件”-“新试验”菜单，进入分组设置对话框，根据实验需要进行分组。用户可同时进行一组、两组或三组试样的实验。点击“下一步”，进入参数设置对话框。主要参数如下。

① 检验类型：共有两种，维卡温度实验、热变形温度实验。

② 检验依据：指定检验原理所依据的标准或条例，如“GB/T 8814—2004 门、窗用未增塑聚氯乙烯（PVC-U）型材”。

③ 试样规格：指试样的长、宽、高尺寸，格式为“长×宽×高”。

④ 叠合层数：说明试样由几层叠合而成。

⑤ 载荷：实验时加在压头上的压力，单位N。其值大小按国标GB/T 1634—2004和GB/T 1633—2000执行。维卡软化点实验：只有两种规定的负荷，即A砝码，9.81N（1000g）；B砝码，49.05N（5000g）。热变形实验按表4-1所示加载。

表4-1　热变形实验的试样尺寸与载荷

方法	试样尺寸	载荷/N	砝码质量/g
A	10mm×15mm	6.74	688
B		27	2755
A	10mm×10mm	9.81	1000
B		49.05	5000

注：表中砝码质量包括负载杆及托盘质量。

对于表中没有的试样尺寸，可用下式计算：$F=2\delta bhh/(3L)$

式中，F为试样所需加的载荷，N；δ为标准弯曲正应力，即A法为450kPa，B法为1800kPa；b为试样宽度，m；h为试样高度，m；L为两支点间的距离，0.100m。

⑥ 变形量：实验中被测材料预达到标准变形值，维卡温度实验其变形量只有一个选值：1.00mm。热变形温度变形量应参照国标GB/T 1634—2004执行或按表4-2设定。

表4-2　热变形实验标准变形量的选取

试样高度/mm	标准变形量/mm
9.8～9.9	0.33
10.0～10.3	0.32
10.4～10.6	0.31
10.7～10.9	0.30
11.0～11.4	0.29
11.5～11.9	0.28
12.0～12.3	0.27
12.4～12.7	0.26
12.8～13.2	0.25
13.3～13.7	0.24
13.8～14.1	0.23
14.2～14.6	0.22
14.7～15.0	0.21
维卡	1.00

⑦ 升温速度：指定实验匀速加温速度。本试验系统升温速度只有两个值：120℃/h、50℃/h，若选其他值，系统会提示错误，并要求重新输入数值。

⑧ 上限温度：指定实验中加热介质预达到的最高温度。实验中加热介质预达到的最高温度不得大于350℃，更不得大于加热介质的闪点温度。该值的大小应参考被测材料的热变形（或维卡）温度，在此温度上加50℃左右为佳。当不了解被测材料的热变形（或维卡）温度时，以低于加热介质的闪点温度50℃为宜。

4. 样品测试

① 参数设置完成后，在主页面点击“开始”按钮，屏幕弹出提示对话框。确认位移传感器可移动距离大于设置形变量，同时将各架千分表清零后，点击“确定”，开始实验。

② 实验正常后，即进入实验监控状态。实验监控窗口包括三部分：菜单、曲线坐标和状态条，可实时观察到试样的形变量及温度。

③ 当达到预设形变量时，实验自动停止。打开冷却水源进行冷却。

④ 按动主机“升”按钮，将试样架升出油面，扳动负载手柄，移去载荷，取出试样。

⑤ 实验完毕，依次关闭主机、电脑电源。

5. 实验结束后的工作

实验结束后，降温至常温，取下样品，关机。

五、数据处理

实验完成后，由“编辑”-“导出”菜单导出试样的形变量-温度曲线。记录各组试样的维卡软化点数据，求平均值并计算标准偏差。

六、注意事项

① 实验过程中不可抬起负载杆，以免试样滑跑。

② 施加的静负荷是砝码、负载杆（包括压头）和位移传感器的重力总和。

③ 实验开始前务必保证位移传感器的可移动距离大于预设形变量。

④ 严格意义上，需要以标准试样进行空白实验，扣除检测仪器设备的测试架（单元）自身在温度变化中的变形情况。

七、思考题

1. 试说明高分子材料耐热性的含义及表征方法。
2. 试分析维卡软化点、热变形温度测试原理及影响因素。

第五章 聚合物的加工性能

实验十九 聚合物熔体流动速率的测定

在高分子材料成型过程中，常见挤压作用有物料在挤出机和注射机料筒中、压延机辊筒间以及在模具中所受到的挤压作用。衡量聚合物可挤出性的物理量是熔体的黏度。熔体黏度过高，物料通过形变而获得形态的能力差；熔体黏度过低，虽然物料流动性好，但保持形态的能力差。因此，适宜的熔体黏度，是衡量聚合物可挤压性的重要标志。聚合物的可挤压性与分子结构、分子量及其分布有关，还与温度、压力等成型条件有关。评价聚合物挤压性的方法是测定聚合物的流动性，通常简便实用的方法是测定聚合物的熔体流动速率（MFR），又称为熔融指数（MI）。

一、实验目的与要求

1. 了解高分子材料熔体流动速率与分子量大小及其分布的关系。
2. 掌握测定高分子材料熔体流动速率的原理及操作。

二、实验原理

高分子材料熔体流动速率是指在一定温度和负荷下，其熔体每 10min 通过标准口模的质量。

在高分子材料尤其是塑料成型加工过程中，熔体流动速率是用来衡量塑料熔体流动性的一个重要指标，其测试仪器通常称为塑料熔体流动速率测试仪（或熔体指数仪）。一定结构的塑料熔体，若所测得 MFR 愈大，表示该塑料熔体的平均分子量愈低，成型时流动性愈好。但此种仪器测得的流动性能指标是在低剪切速率下获得的，不存在广泛的应力-应变速率关系，因而不能用来研究塑料熔体黏度与温度。黏度与剪切速率的依赖关系，仅能比较相同结构聚合物分子量或熔体黏度的相对数值。

常见塑料及其标准实验条件如表 5-1、表 5-2 所示。

表 5-1 标准实验条件

序号	标准口模内径/mm	实验温度/℃	负荷/kg
1	1.180	190	2.160
2	2.095	190	0.325
3	2.095	190	2.160
4	2.095	190	5.000
5	2.095	190	10.000
6	2.095	190	21.600
7	2.095	200	5.000
8	2.095	200	10.000
9	2.095	220	10.000
10	2.095	230	0.325
11	2.095	230	1.200
12	2.095	230	2.160
13	2.095	230	3.800
14	2.095	230	5.000
15	2.095	275	0.325
16	2.095	300	1.200

表 5-2 塑料实验条件

塑料种类	实验序号	塑料种类	实验序号	塑料种类	实验序号
聚乙烯	1、2、3、4、6	ABS	7、9	聚甲醛	3
聚苯乙烯	5、7、11、13	聚苯醚	12、14	丙烯酸酯	8、11、13
聚酰按	10、15	聚碳酸酯	16	纤维素酯	2、3

三、实验仪器与试样

(1) 仪器：① XRZ-400 熔体流动速率仪。该仪器由试料挤出系统和加热控温系统两部分组成。挤出系统包括料筒、压料杆、出料口和砝码等部件。加热温控系统包括加热炉体、温控电路和温度显示等部分组成。其主要结构（挤出系统）示意图如图 5-1 所示。主要技术特性如下。

a. 负荷由砝码、托盘（0.231kg）、活塞（0.094kg）之和组成，分为 0.325kg、1.200kg、2.160kg、5.000kg 几种。

b. 标准口模直径 ϕ(2.095±0.005)mm 和 ϕ(1.180±0.010)mm。

c. 料筒长度 160mm，料筒直径 ϕ(9.55±0.025)mm。

d. 温度范围：室温～400℃连续可调，出料口上端 12.7～50mm 间温差≤1℃。

② 天平 1 台（感量 0.001g）。

③ 装料漏斗，切割和放置切取样条的锋利刮刀，玻璃镜，液体石蜡，绸布和棉纱，镊子，清洗杆和铜丝等清洗用具。

(2) 试样：聚丙烯（PP），颗粒状，粉料，小块、薄片或其他形状。

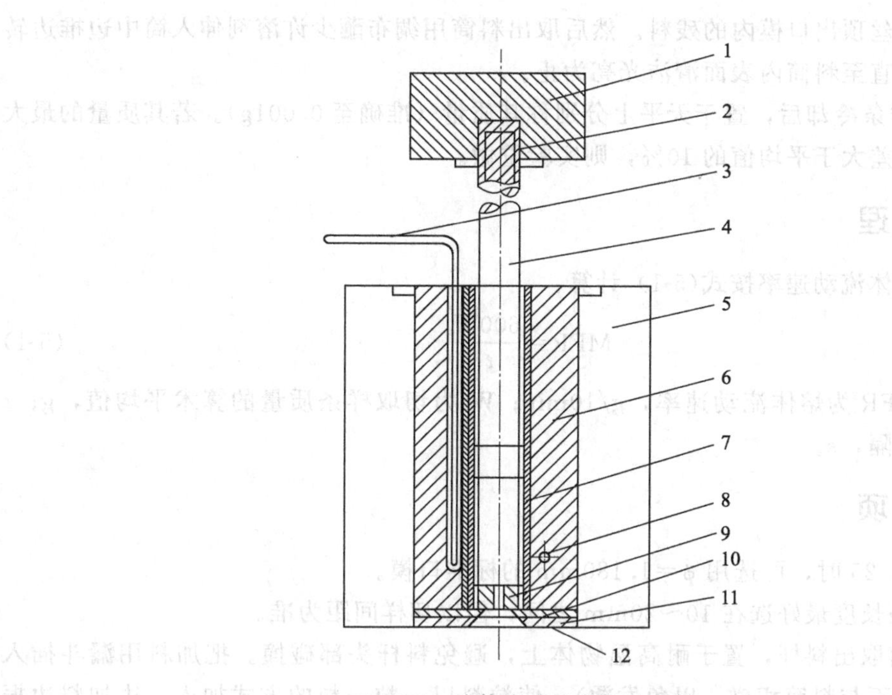

图 5-1　熔体流动速率仪示意图

1—砝码；2—砝码托盘；3—温度计；4—活塞；5—隔热套；6—炉体；7—料筒；
8—控温元件；9—标准口模；10—隔热层；11—隔热垫；12—托盘

四、实验步骤

① 原料干燥。若待测试样为吸湿性塑料，测试前应按产品标准规定进行干燥处理。

② 实验准备。熟悉熔体流动速率仪主体结构和操作规程，根据塑料类型选择测试条件，安装好口模，在料筒内插入活塞。接通电源开始升温，调节加热控制系统使温度达到要求，恒温至少 15min。

③ 预计试料的 MFR 范围，按表 5-3 称取试料。

表 5-3　试样加入量与切样时间间隔

流动速率/(g/10min)	试样加入/g	切样时间间隔/s	流动速率/(g/10min)	试样加入量/g	切样时间间隔/s
0.1～0.5	3～4	120～240	＞3.5～10	6～8	10～30
＞0.5～1.0	3～4	60～120	＞10～25	6～8	5～10
＞1.0～3.5	4～5	30～60			

④ 取出活塞将试料加入料筒，随即把活塞再插入料筒并压紧试料，预热 4min 使炉温回复至要求温度。

⑤ 在活塞顶托盘中加上砝码，随即用手轻轻下压，促使活塞在 1min 内降至下环形标记距料筒口 5～10mm 处。待活塞（不用手）继续降至下环形标记与料筒口相平行时，切除已流出的样条，并按表 5-3 规定的切样时间间隔开始切样，保留连续切取的无气泡样条三个。当活塞下降至上环形标记和料筒口相平时，停止切样。

⑥ 停止切样后，趁热将余料全部压出，立即取出活塞和口模，除去表面的余料并

用合适的黄铜丝顶出口模内的残料。然后取出料筒用绸布蘸少许溶剂伸入筒中边推边转地清洗几次，直至料筒内表面清洁光亮为止。

⑦ 所取样条冷却后，置于天平上分别称其质量（准确至0.001g）。若其质量的最大值和最小值之差大于平均值的10%，则实验重做。

五、数据处理

试料的熔体流动速率按式(5-1) 计算：

$$\mathrm{MFR}=\frac{600W}{t} \tag{5-1}$$

式中，MFR 为熔体流动速率，g/10min；W 为切取样条质量的算术平均值，g；t 为切取时间间隔，s。

六、注意事项

1. MFR＞25 时，可选用 ϕ＝1.180mm 的标准口模。

2. 试样条长度最好选在 10～20mm 之间，但以切样间距为准。

3. 加料前取出料杆，置于耐高温物体上，避免料杆头部碰撞。把加料用漏斗插入料筒内（尽量不与料筒相碰，以免发烫），使粒料以一粒一粒的方式加入，边加料边振动漏斗使料快速漏下，以防堵塞。加料完毕，用压料杆压实（以减少气泡），再插入料杆，套上砝码托盘。

七、思考题

1. 为什么要分段取样？

2. 哪些因素影响实验结果？举例说明。

3. 某 PP 试样在 210℃ 测得其熔体流动速率为 2.6，相同条件下某 PE 试样的熔体流动速率为 3.5，能否说明该 PE 试样的加工流动性比 PP 好？为什么？

实验二十　橡胶门尼黏度的测定

门尼黏度（Mooney viscosity）又称转动（门尼）黏度，是用门尼黏度计测定的数值，基本上可以反映合成橡胶的聚合度与分子量。门尼黏度计是一个标准的转子，以恒定的转速（一般 2r/min），在密闭室的试样中转动。转子转动所受到的剪切阻力大小与试样在硫化过程中的黏度变化有关，可通过测力装置显示在以门尼为单位的刻度盘上，以相同时间间隔读取数值可作出门尼硫化曲线，当门尼数先降后升，从最低点起上升 5 个单位时的时间称门尼焦烧时间，从门尼焦烧点再上升 30 个单位的时间称门尼硫化时间。

门尼黏度反映橡胶加工性能的好坏和分子量高低及分布范围宽窄。门尼黏度高，胶料不易混炼均匀及挤出加工，其分子量高、分布范围宽。门尼黏度低，胶料易粘辊，其分子量低、分布范围窄。门尼黏度过低，则硫化后制品拉伸强度低。从门尼黏度-时间曲线还能看出胶料硫化工艺性能。

一、实验目的与要求

1. 理解门尼黏度的物理意义。
2. 了解测定门尼黏度的仪器结构和工作原理。
3. 熟悉门尼黏度测定仪的操作。

二、实验原理

门尼黏度计设计原理如图 5-2 所示。

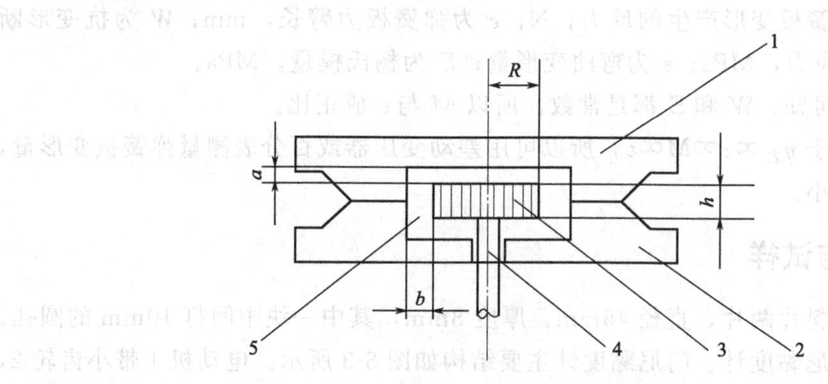

图 5-2　门尼黏度计原理

1—上模座；2—下模座；3—转子；4—转子轴；5—装试样的膜腔；R—转子半径；h—转子厚度；a—转子上下表面至上下模壁的垂直距离；b—转子圆周至模腔圆周的距离

门尼黏度实验是用转动的方法来测定生胶、未硫化胶流动性的一种方法。当转子在充满胶料的模腔中转动时，转子对胶料产生力偶的作用，推动贴近转子的胶料层流动，模腔内其他胶料将会产生阻止其流动的摩擦力，其方向与胶料层流动方向相反，此摩擦力即是阻止胶料流动的剪切力，单位面积上的剪切力即剪切应力。经研究可知，剪切应力与切变速率、黏度存在下述的关系，目前应用较广泛，适合非牛顿流动的定律是幂律定律公式：

$$\tau=K\dot{\gamma}^{n} \tag{5-2}$$

式中，τ 为剪切应力，MPa；$\dot{\gamma}$ 为剪切速率，s^{-1}；K 为稠度，MPa·s；n 为流动指数。

幂律定律也可改写成下面的形式：

$$\tau=K\dot{\gamma}^{n}=K\dot{\gamma}^{n-1}\dot{\gamma} \tag{5-3}$$

$$\tau/\dot{\gamma}=K\dot{\gamma}^{n-1} \tag{5-4}$$

设

$$\eta_a=\tau/\dot{\gamma}=K\dot{\gamma}^{n-1} \tag{5-5}$$

把式(5-5) 代入式(5-2) 得：

$$\tau=\eta_a\dot{\gamma} \tag{5-6}$$

在模腔内阻碍转子传动的各点表观黏度（η_a）以及切变速率（$\dot{\gamma}$）值随着转动半径不同而不同，所以需采用统计平均值的方法来描述 η_a、τ、$\dot{\gamma}$。由于转子的转速是定值，转子和模腔尺寸也是定值，故 $\dot{\gamma}$ 的平均值对相同规格的门尼黏度计来说，就是一个常数，从公式(5-6) 可知，平均的表观黏度（η_a）与平均的剪切应力（τ）成正比。

在平均的剪切应力（τ）作用下，将会产生阻碍转子转动的转矩，其关系式如下：

$$M=\tau sL \tag{5-7}$$

式中，M 为转矩；τ 为平均剪切应力，MPa；s 为转子表面积，mm^2；L 为平均的力臂长，mm。

转矩 M 通过蜗轮、蜗杆推动弹簧板，使它变形并与弹簧板产生的弯矩和刚度相平衡，从材料力学可知，存在下式关系：

$$M=Fe=W\sigma=WE\varepsilon \tag{5-8}$$

式中，F 为弹簧板变形产生的反力，N；e 为弹簧板力臂长，mm；W 为抗变形断面系数；σ 为弯曲应力，MPa；ε 为弯曲变形量；E 为杨氏模量，MPa。

由公式(5-8) 可知，W 和 E 都是常数，所以 M 与 ε 成正比。

综上所述，由于 $\eta_{表}\propto\tau\propto M\propto\varepsilon$，所以可用差动变压器或百分表测量弹簧板变形量，来反映胶料黏度大小。

三、实验仪器与试样

（1）试样：胶料片两片，直径 45mm，厚度 8mm，其中一块中间打 10mm 的圆孔。

（2）仪器：门尼黏度计。门尼黏度计主要结构如图 5-3 所示。电动机 1 带小齿轮 2，小齿轮又带动大齿轮 12 转动，大齿轮又使蜗杆 7 转动，蜗杆又带动涡轮 3，涡轮又带动转子 4，使转子在充满橡胶试样的密闭室 11 内旋转，密闭室由上下模 9、10 组成，在上下模内装有电热丝，其温度可以自动控制。由于转子的转动对橡胶试样产生剪切力矩，在此同时，转子也受到橡胶的反抗剪切力矩，此力矩由转子传到蜗轮 3 再传到蜗杆 7，在蜗杆上产生轴向推力，方向与涡轮转动方向相反，这个推力由涡杆一端的弹簧板 5 相平衡，橡胶对转子的反抗剪切力矩，由装在蜗杆一端的百分表 8 以弹簧板位移的形式表示出来。如果仪器上有自动记录装置，弹簧板 5 受蜗杆 7 轴向推力产生位移时，差动变压器 6 中的铁芯也产生位移，此位移使电桥失去平衡，就有交流信号输出，信号经放大由记录仪 13 记录。

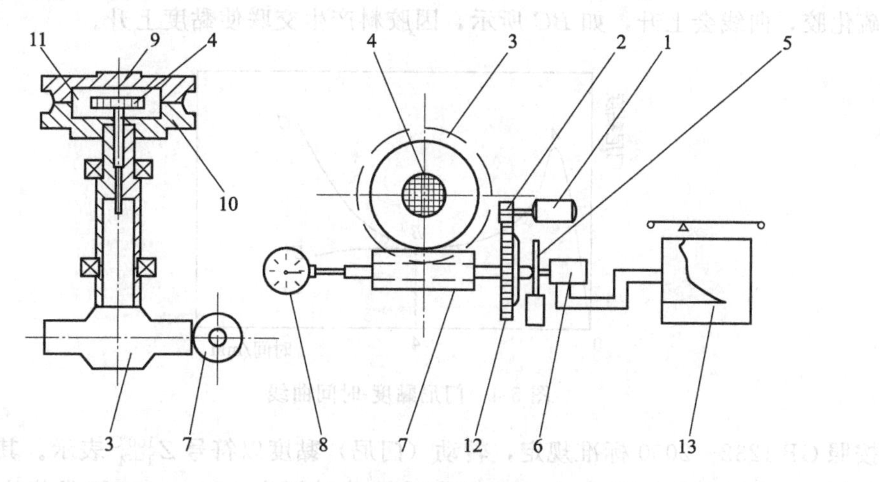

图 5-3　转子黏度计结构

1—电动机；2—小齿轮；3—蜗轮；4—转子；5—弹簧板；6—差动变压器；7—蜗杆；8—百分表；9—上模；10—下模；11—密闭室；12—大齿轮；13—记录仪

四、实验步骤

① 将模腔和转子升温到 100℃。将 ND-2A 型黏度计接通电源开关，指示灯亮，首先调节温度控制仪表给定温度指针于 100℃左右，并把加热开关拨至升温处，开始升温，待上下模处玻璃温度计指示 97℃左右时，将加热开关拨至保温处，温度升至 100℃时应能自动恒温，如有出入可调节给定温度指针。

② 启动电动机，使转子在无负荷下转动，打开记录仪把测量开关拨至通处，此时记录仪指针应指在零位，达到要求后停机。

③ 温度稳定后，旋转手动换气阀，把模腔开启，把带有圆孔的一块试样套于直径为 38mm 的转子下面，另一块放在转子上面，试样与密闭室之间衬以玻璃纸，当转子插入模孔与键槽后再闭模。

④ 把试样在模腔内预热 1min，在此同时打开记录仪，把测量开关与记录开关拨至通处，并调节合适的走纸速度，电机正反转开关拨至正转处。

⑤ 等 1min 后（较硬的胶料预热 3min），把电机开关拨至通位；开始测试，记录仪指针开始移动并加记录，待 4min 后，停电机和记录测量开关，启模拿出试样。

⑥ 清理模腔和转子准备进行下一个实验。

五、数据处理

记录仪所记录的是门尼黏度与时间的关系，如图 5-4 所示。

刚开电机时，黏度值较高，如曲线上 *A* 点，因实验温度不均匀，未全部热透，显示其胶料较硬。再则如果在有炭黑粒子在静止时互相结合成网状结构，能阻止胶料流动，但不坚固，受力即很快破坏，这就是所谓触变效应，这也是造成初始时黏度高的原因之一。曲线随之下降，是试样温度升高和网状结构解脱所致，经过 4min 曲线下降到

B 点，即为所求的黏度值，如果继续实验下去，试样为生料，如图中 BE 所示。如试样为未硫化胶，曲线会上升，如 BC 所示，因胶料产生交联使黏度上升。

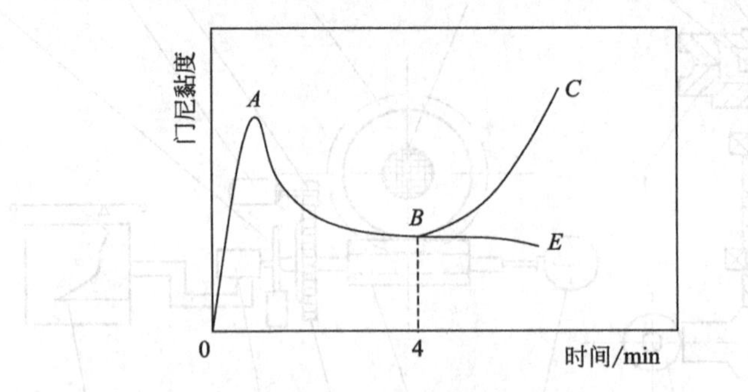

图 5-4　门尼黏度-时间曲线

按照 GB 1232—2000 标准规定，转动（门尼）黏度以符号 $Z_{1+4}^{100℃}$ 表示。其中 Z 为转动黏度值；1 表示预热时间为 1min；4 表示转动时间为 4min；100℃是指实验温度为 100℃。在我国通常以 $ML_{1+4}^{100℃}$ 或 $MS_{1+4}^{100℃}$ 来表示。其中 M 表示门尼，L 表示用大转子，S 表示用小转子。1 表示预热 1min，4 表示实验 4min。门尼数值越大，表示黏度越大，其可塑性越低。

六、思考题

1. 生胶的流动性与其分子量及分子量分布有什么关系？
2. 炭黑加入橡胶中对其黏度有何影响？

实验二十一　毛细管流变仪测定聚合物熔体的流动性能

在测定和研究高聚物熔体流变性的各种仪器中，毛细管流变仪是一种常用的较为合适的实验仪器，它具有多种功能和宽广范围的剪切速度范围。毛细管流变仪既可以测定高聚物熔体在毛细管中的剪切应力和剪切速率的关系，又可以根据挤出物的直径和外观或在恒定应力下通过毛细管的长径比来研究熔体的弹性和不稳定流动现象。根据毛细管流变仪施力方式不同可将毛细管流变仪分为挤出式和扭矩式两种，本实验采用挤出式毛细管流变仪测定聚合物熔体的流动性能。

一、实验目的与要求

1. 了解高分子材料熔体流动特性以及随温度、应力变化的规律。
2. 掌握由高分子材料流变特性拟定成型加工工艺的方法。
3. 熟悉挤出式毛细管流变仪测定高分子材料流变性能的原理和操作。

二、实验原理

图 5-5 是毛细管流变仪的原理图。

设在一个无限长的圆形毛细管中，塑料熔体在管中的流动为一种不可压缩的黏性流体的稳定层流流动；仪器由一活塞加压，形成毛细管两端的压力差 $\Delta P = P - P_0$，将流体从直径为 D_0、长为 L 的毛细管内挤出，挤出物直径为 D。由于流动具黏性，它必然受到自管体与流动方向相反的作用力，通过黏滞阻力应与动力相平衡等流体力学过程原理的推导，可得到管壁处的剪切应力（τ_w）与压力差的关系。

$$\tau_w = \frac{\Delta PR}{2L} \tag{5-9}$$

式中，R 为毛细管的半径，cm；L 为毛细管的长度，cm；ΔP 为毛细管两端的压力差，Pa。

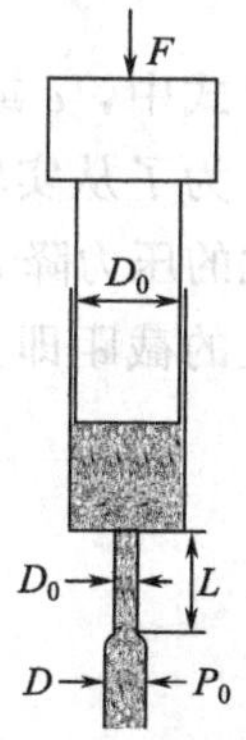

图 5-5　毛细流变仪示意图

熔体体积流量 Q 与柱塞下降速度 v 的关系为：

$$Q = Sv \tag{5-10}$$

式中，Q 为熔体流量，cm^3/s；S 为柱塞的面积，本仪器为 $1cm^2$；v 为柱塞下降速率，mm/min。

由于管壁摩擦阻力的作用，流体在管内的流动速度随半径增大而减小，呈现不同的等速层，管壁处速度为零。毛细管壁上牛顿切变速率或表观切变速率 $\dot{\gamma}_w$：

$$\dot{\gamma}_w = \frac{4Q}{\pi R^3} \tag{5-11}$$

式中，$\dot{\gamma}_w$ 为表观剪切速率，s^{-1}；Q 为熔体流量，cm^3/s；R 为毛细管半径，cm。

测定不同 ΔP 时的流量 Q，就可得到不同剪切应力 τ_w 时的剪切速率 $\dot{\gamma}_w$。对 $\lg\tau_w$-$\lg\dot{\gamma}_w$

作图，根据式(5-12) 求流变指数 n。

$$n=\frac{d(\lg\tau_w)}{d(\lg\dot{\gamma}_w)} \tag{5-12}$$

n 也可直接由 $\lg\Delta P$ 对 $\lg Q$ 作图求得，对符合幂律定律的非牛顿流体，n 是常数，即所得曲线为一直线。

对 $\dot{\gamma}_w$ 作非牛顿修正，管壁上非牛顿切变速率：

$$\dot{\gamma}'_w=\frac{4Q}{\pi R^3}\left(\frac{3n+1}{4n}\right)=\left(\frac{3n+1}{4n}\right)\dot{\gamma}_w \tag{5-13}$$

表观黏度的定义为：

$$\eta_a=\frac{\tau_w}{\dot{\gamma}_w} \tag{5-14}$$

η_a 将随剪切速率（或剪切应力）变化而变化。

聚合物流体通常属于假塑性流体，其表观黏度随剪切速率（或剪切应力）的增加而减小，即所谓剪切变稀现象。

由于实验测定中，毛细管不是无限长，对式(5-9) 应进行修正。考虑流体从料筒进入毛细管，流体的流速和流线发生变化，引起黏性摩擦损耗和弹性变形，使毛细管壁的实际剪切应力减小，等价于毛细管长度增加。式(5-9) 可改正为：

$$\tau'=\frac{\Delta PR}{2(L+eR)}\left[\text{或者}=\frac{\Delta PD}{4(L+ND)}\right] \tag{5-15}$$

式中，e 或 N 称为入口修正因子，或称为 Bagley 改正因子．

为了从实验来确定 e 或 N，保持一定流速 Q，即在一定的切变速率下，测定不同长径比的压力降 ΔP，以 ΔP 对 L/R（或L/D）作图得一直线，它在横坐标 L/R（或 L/D）轴上的截距即为 $-e$（或 $-N$），见图 5-6。

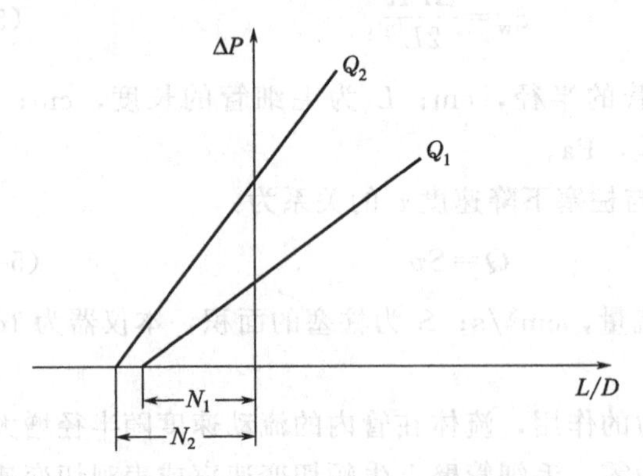

图 5-6　毛细管两端压力降与长径比的关系

($Q_1<Q_2$; $\dot{\gamma}_1<\dot{\gamma}_2$)

实验证明，对于弹性流体来说，在弹性较大、温度较低时、L/D 较小的情况下，入口效应不可忽略。如使用较大长径比（$L/D\geqslant40$）的毛细管时，则入口的压力降与在毛细管中流动的压力降相比可以忽略不计，这时可以不进行入口校正，否则要逐点效正，此工作量极大，故根据弹性的大小采用较大的 L/D 为宜。

经过上述测定和处理后，就可绘出整条流动曲线 $\lg\tau_w$-$\lg\dot{\gamma}'_w$、η_a-$\dot{\gamma}'_w$ 和 η_a-τ_w。从不同温度下的 η_a-τ_w 曲线还可求出上述恒切应力下的黏流活化能 E_τ。将 $\ln\eta_a$ 对 $1/T$ 作图，则直线的斜率为 E_τ。

三、实验仪器与试样

(1) 仪器：①毛细管流变仪，XLY-Ⅱ型，吉林大学科教仪器厂。其主体结构如图 5-7 所示。主要技术指标如下：

柱塞直径（D_p），$11.28^{-0.005}_{-0.012}$mm；

毛细管规格（直径×长度，mm×mm），$\phi1\times5$、$\phi1\times10$、$\phi1\times20$、$\phi1\times40$；

压力范围，10～500kgf/cm²（980.665～49033.25kPa）；

温度控制范围，室温～400℃。

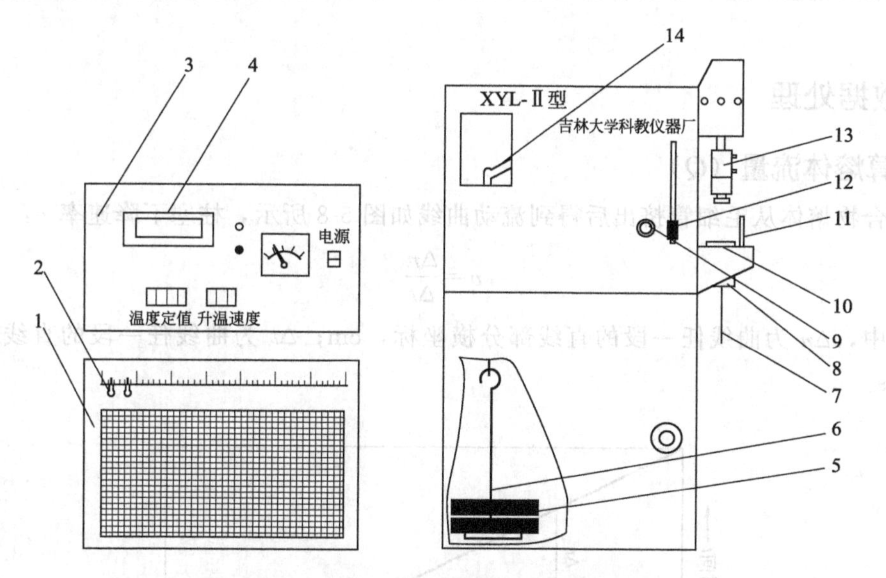

图 5-7　挤出式毛细管流变仪示意图

1—记录仪；2—记录笔；3—程序升温控制仪；4—实际温度显示屏；5—砝码；6—挂架；7—高聚物熔体；8—毛细管；9—杠杆加力锁紧装置；10—料筒；11—热电偶；12—杠杆操作杆；13—压头；14—杠杆装置

② 砝码。砝码数量及砝码所对应的质量如表 5-4 所示。

表 5-4　砝码数量和相应质量

标　志	质　量/kg	数　量
A	0.5	4
B	1	4
C	4	1
D	5	3

(2) 试样：聚丙烯（PP），颗粒状或粉末状等。

四、实验步骤

① 选定实验温度，输入温度定值，采用快速升温，打开控温仪和记录仪电源开关，打开记录仪1、记录笔2开关，选定适当的走纸速度，加挂所需砝码。

② 温度平衡15min后，抬起杠杆使压头处于上限位置，拉出炉体，检查毛细管和料筒清洁与否，并针对不同毛细管选择不同毛细管垫圈将毛细管装入并旋紧以防漏料，根据试样形状、流动性能确定装料量，粒料少加，料粉多加，流动性好多加，流动性差少加，一般装料量为1.5～2g，将装好的试样用漏斗装入料筒内，插入柱塞，先用手压实，将炉体移进压头下方，并与压头对正，放下杠杆使压头压在柱塞上，将试样压实并反复几次，再抬起压头后调节调整螺母，使压头与柱塞压紧。

③ 加料后5min，放下杠杆，仪器进入测试状态，至压杆到底则测试状态结束。

④ 关闭记录仪记录开关，记录下各项工作参数，物料名称等，抬起压头，将炉体移出，取出柱塞，卸下毛细管并对料筒内壁和毛细管外表面进行清理，准备下次实验用。

五、数据处理

1. 计算熔体流量（Q）

聚合物熔体从毛细管挤出后得到流动曲线如图5-8所示，柱塞下降速率 v：

$$v=\frac{\Delta n}{\Delta t} \tag{5-16}$$

式中，Δn 为曲线任一段的直线部分横坐标，cm；Δt 为曲线任一段的直线部分纵坐标，s。

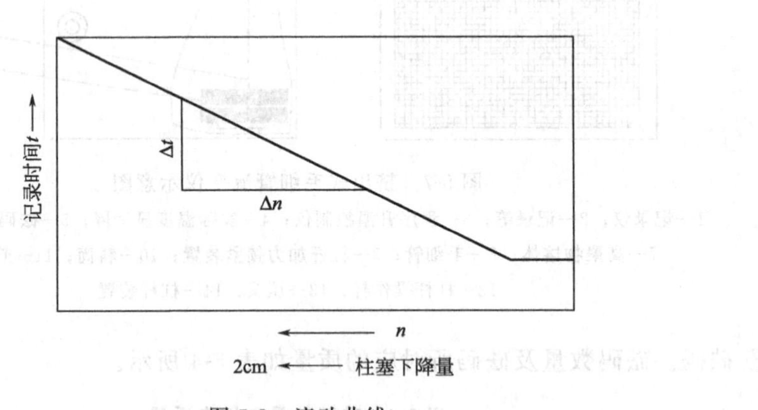

图5-8 流动曲线

对流动曲线，截取尽量长的一段直线段的位移曲线，在其端点做出标记，截取其走纸方向长度 ΔI_t（mm）计算时间 Δt（s）。截取其读数方向长度 ΔI_n（mm）计算位移 Δn（cm）。

则
$$\Delta n=\frac{\Delta I_n}{250\text{mm}}\times 2\text{cm} \tag{5-17}$$

式中，250mm 为记录纸满量程长度；2cm 为柱塞位移满量程长度。

$$\Delta t=\frac{\Delta I_t}{s}\times 3600\text{s} \tag{5-18}$$

式中，s 为走纸速度，mm/h；3600s 为 1h 时间秒数。

2. 柱塞所加压力或负荷值（F）

该仪器最小压力为 10kgf/cm^2（980.665kPa）。当将挂负荷的滑轮架摘下时，即为 10kgf/cm^2（980.665kPa）。当将滑轮架挂上后，压力为 20kgf/cm^2（1961.33kPa），以后每增加 0.5kg 重的砝码，系统可增加 10kgf/cm^2（980.665kPa），增加 1kg 重砝码，系统增加压力为 20kgf/cm^2（1961.33kPa）。其加法如表 5-5 所示。

表 5-5　负荷值与所加砝码的换算关系

压力值/(kgf/cm^2)	砝　码
10	无挂架砝码
20	挂架不加砝码
30	+1A
40	+1B
100	+1C
120	+1D

注：1kgf/cm^2=98.0665kPa。

3. 记录数据并作图

记录实验原始数据于表 5-6 中，将计算所得数据记录在表 5-7 中，并按要求作图。

表 5-6　毛细管黏度计原始数据记录表

项目	1	2	3	4	5	6
ΔP/MPa						
Δn						
Δt						
v						

表 5-7　毛细管黏度计实验数据处理表

项目	1	2	3	4	5	6
$\lg\Delta P$						
$\lg Q$						
$\dot{\gamma}_w$						
τ_w						
$\dot{\gamma}'_w$						
η_a						

作 $\lg\tau_w$-$\lg\dot{\gamma}_w$或 $\lg\Delta P$-$\lg Q$ 图，求算非牛顿指数 n，最后在一张图里作 τ_w-$\dot{\gamma}'_w$和 η_a-$\dot{\gamma}_w$关系曲线。

六、思考题

1. 为什么要进行“非牛顿改正”和“入口改正”？如何改正？

2. 如果需要作出较宽剪切速率范围内聚合物熔体的表观黏度变化图，实验条件应如何变化？

第六章 聚合物的电性能

实验二十二 介电常数、介电损耗角正切测定

高分子材料多系绝缘性好的材料，广泛应用于电子及电工行业。使用时不希望绝缘材料本身能量损耗大，因而测量出介电常数、介质损耗因数就能评价材料的介质本身能量损耗。工业上多选用介质损耗因数小的高分子材料作为绝缘材料。通常极性橡胶的 $\tan\delta$ 比非极性橡胶的大。它还与实验采用的频率、温度紧密相关。在一定温度下，只有在某一频率范围内，分子偶极取向虽可追随电场变化，但不完全同步，有部分电能被吸收而发热，$\tan\delta$ 出现最大值。同样在一定频率下，只有某一温度区域内 $\tan\delta$ 才会出现极大值，当频率升高时，介质损耗峰移向高温端。

在实际应用中，作为绝缘材料或电容器材料应用的高聚物，介电损耗越小越好。对于需要通过高频加热进行干燥，模塑或对塑料进行高频焊接时，要求高聚物的介电损耗越大越好。

一、实验目的与要求

1. 了解不同高分子材料的介电常数和介电损耗特点。
2. 初步掌握优值计（Q 表）的使用。

二、实验原理

介电常数 ε，表征电介质储存电能的能力大小，是介电材料一个十分重要的性能指标。电介质在交变电场中，由于消耗一部分电能，使介质本身发热，就称为介电损耗。常用介质损耗角正切 $\tan\delta$ 来衡量，它是指每周期内介质的损耗能量与储存能量的比值。

测定介电常数和介电损耗的仪器常用优值计（Q 表）。优值计由高频信号发生器、

LC 谐振回路、电压表和稳压电源组成，其原理如图 6-1 所示。

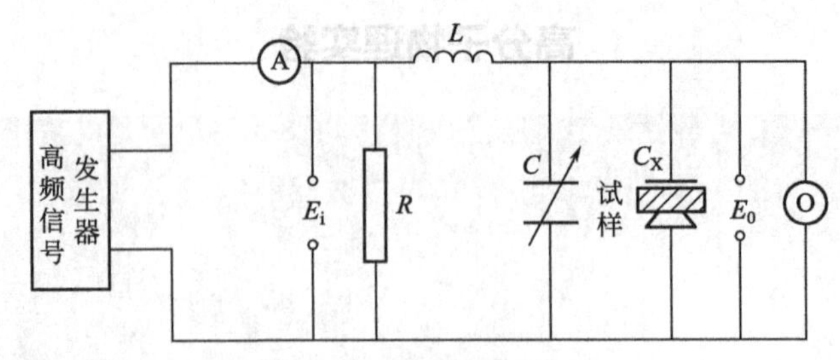

图 6-1　优值计原理图

当回路谐振时，谐振电压 E_0 比外加电压 E_i 高 Q 倍。本仪器将 E_i 调节在一定的数值，因此，可以从测量 E_0 的电压上直接读出 Q 值。Q 又称为品质因素。

不加试样时，回路的能量损耗小，Q 值很高；加了试样后，Q 值降低。分别测定不加与加试样的 Q 值（以 Q_1、Q_2 表示）以及相应的谐振电容 C_1、C_2，则介电常数和介质损耗的计算公式如下：

$$\varepsilon=14.4\times\frac{h(C_1-C_2)}{D^2} \tag{6-1}$$

式中，h 为试样厚度，cm；D 为电极直径，cm。

$$\tan\delta=\frac{Q_1-Q_2}{Q_1Q_2}\times\frac{C_1}{C_1-C_2} \tag{6-2}$$

三、实验仪器与试样

(1) 仪器：优值计，型号 AS2851，上海无线电仪器厂。

(2) 试样：聚丙烯（PP），圆片直径 ϕ50mm、ϕ100mm，厚度 1～2mm，每组不少于 3 个。

四、实验步骤

① 选择适当电感量的线圈接在 L 接线柱上（图 6-2），本实验选用标准电感 LK-9（$L=100\mu$m，$C_0=6$pF）。

② 接通电源，按上定位键（弹出电源键），让仪器预热 30min，视情况机械调零。

③ 波段旋钮置于 3，频率盘置于 1MHz。

④ 调节可变电容 C 盘，使之远离谐振点（可放在 100pF 或者 500pF）。

⑤ 调节定位旋钮，使指针校准到 Q 表头上的红线位置。

⑥ 按下 Q300 键，调节 Q 零位旋钮，使指针校准到零位。

⑦ 重复步骤④、⑤，直到调好为止。

⑧ 不连接试样，按下 Q300 键，ΔC 盘置于 0，转动 C 盘，使 Q 值最大，得 Q_1、C_1。

⑨ 回到定位状态，连接上试样，同步骤⑧测试，得 Q_2、C_2。

⑩ 按下定位键，取出（更换）试样。

⑪ 结束时，按下电源键关在闭仪器，拔掉电插头。

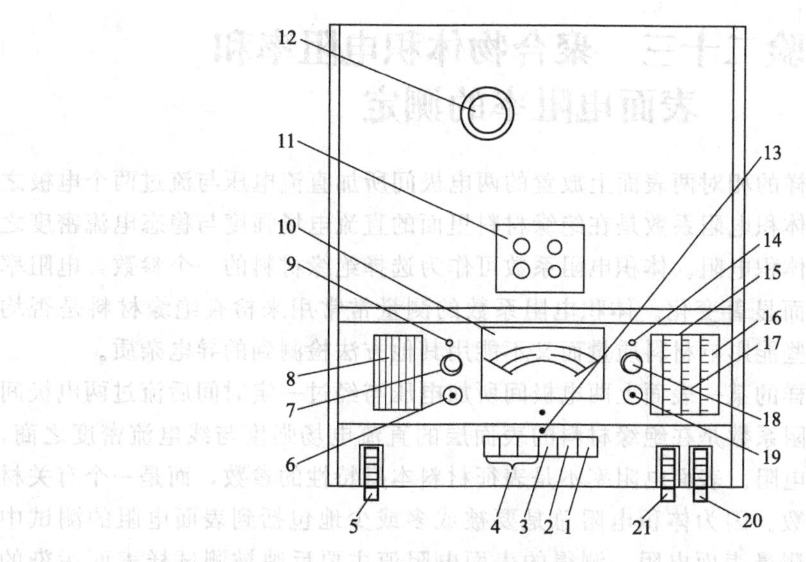

图 6-2　优值计面板

1—电源开关按钮，按下时电源关；2—定位检查按钮，按下时表头作 ΔQ 定位表用；3—ΔQ 指示按钮，按下时表头作 ΔQ 表用；4—Q 值范围按钮（分 100、300、600 三挡按钮）；5—频率转盘，调节可变电容器、控制讯号源的频率；6—Q 零位调电位器旋钮；7—Q 合格预置值调节旋钮；8—频率刻度盘（共分七挡）；9—对合格指示灯；10—表头，指示 Q 值、ΔQ 值还指示定位；11—测试回路连线柱；12—波段开关，控制振荡器的频率范围（分七个频段）；13—表头机械零点调节；14—定位点校准定位器；15—主测试回路电容刻度盘；16—微调电容 ΔC 刻度盘；17—电感 L 的刻度；18—ΔQ 零位粗调电位器旋钮；19—ΔQ 零位细调电位器旋钮；20—ΔC 转盘，转动时改变 ΔC 值；21—主电容 C 转盘，转动时改变 C 值

五、数据处理

利用式(6-1)、式(6-2) 计算样品的介电常数与介电损耗。

六、注意事项

在实验过程中，试样表面应清洁，无灰尘、脏物、指印、油脂、脱模剂或其他影响结果的污物。如果在同一片试样上做多点实验，则应注意实验点之间要有足够的距离。该间距的大小应选在前一次实验后飞溅出的污物所污染的部分以外，否则使结果发生偏差。

七、思考题

1. 高分子材料极性对 $\tan\delta$ 及 ε 有何影响？
2. 使用环境对聚合物制品的介电常数有何影响？

实验二十三　聚合物体积电阻率和表面电阻率的测定

体积电阻是在试样的相对两表面上放置的两电极间所加直流电压与流过两个电极之间的稳态电流之商。体积电阻系数是在绝缘材料里面的直流电场强度与稳态电流密度之商，即单位体积内的体积电阻。体积电阻系数可作为选择绝缘材料的一个参数，电阻率随温度和湿度的变化而显著变化。体积电阻系数的测量常常用来检查绝缘材料是否均匀，或者用来检测那些能影响材料质量而又不能用其他方法检测到的导电杂质。

表面电阻是在试样的某一表面上两电极间所加电压与经过一定时间后流过两电极间的电流之商。表面电阻系数是在绝缘材料的表面层的直流电场强度与线电流密度之商，即单位面积内的表面电阻。表面电阻率不是表征材料本身特性的参数，而是一个有关材料表面污染特性的参数。因为体积电阻总是要被或多或少地包括到表面电阻的测试中去，因此只能近似地测量表面电阻，测得的表面电阻值主要反映被测试样表面污染的程度。

一、实验目的与要求

1. 掌握测量体积电阻系数和表面电阻系数的测量原理。
2. 掌握聚合物体积电阻系数和表面电阻系数的测定方法。

二、实验原理

一般的聚合物是由原子通过共价键连接而成的，没有电子和可移动的离子，作为理想的电绝缘材料，在恒定的外电压作用下，不应有电流通过。但实际获得的高分子绝缘材料，总是有微弱的导电性。这种导电性主要是由杂质引起的。

在工程上，用绝缘电阻表征高聚物的导电性，为了方便准确，引用了“电阻系数”单位体积电介质的体积电阻值，称作体积电阻系数 ρ_v，指平行材料中电流方向的电位梯度与电流密度之比。单位表面积电介质的表面电阻值，称作表面电阻系数 ρ_s，指平行于材料表面上电流方向上的电位梯度与表面单位宽度上的电流之比。

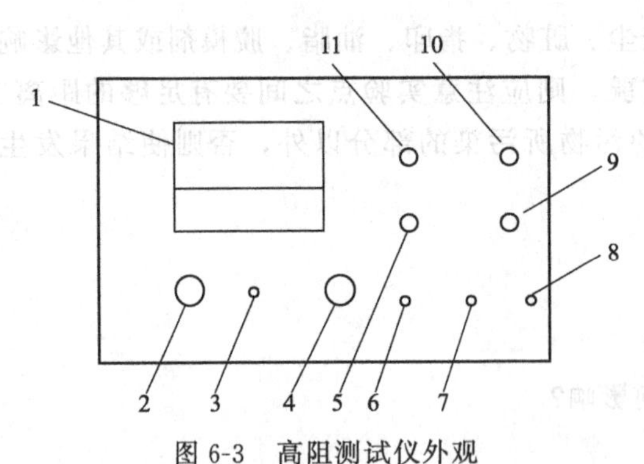

图 6-3　高阻测试仪外观

1—表盘；2—预热旋钮；3—极性开关；4—调零旋钮；5,11—测试电压开关；6—R_x 接线柱；7—插座；8—I_x 接线柱；9—输入短路开关；10—倍率开关

三、实验仪器与试样

(1) 仪器：CGZ-17B 高阻测试仪，其外盘外观如图 6-3 所示。

仪器由三部分组成，测试原理如图 6-4 所示。

① 电阻测试电源稳压器供给测量电阻时用的稳定电压分 10V、100V、250V、500V、1000V 共五挡。

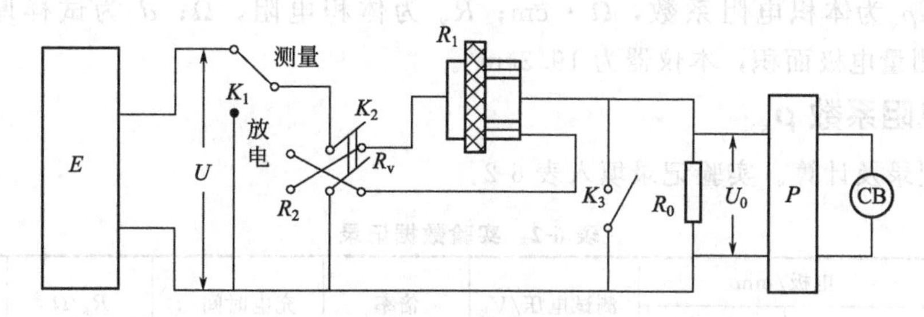

图 6-4　高阻仪测试原理

E—直流高压测试电源；K_1—充放电开关；K_2—测定 R_2 和 R_v 的转换开关；K_3—短路开关；R_0—标准电阻；U_0—R_0 上电压降；U—测试电压；P—试样；CB—指示仪表

② 多量程微电流放大器由微电流放大前程置及主放大线路组成，具有 100%负反馈，电流灵敏度从 $10^{-6}\sim10^{-14}$A，在无反馈情况下的电压放大系数 K 约为 100 倍。

③ 指示仪表以 5SC4 型 100μA 安培表，其刻度已改为直读的欧姆及安培数。

(2) 试样：高密度聚乙烯（HDPE），圆盘形 ϕ50mm、ϕ100mm；正方形，边长 50mm，100mm。厚度 2mm。

四、实验步骤

① 接通电源，开机预热 15min，若用最高倍挡时，应预热 1min。

② 调整“调零”旋钮 4 使电表指针指在“0”点。

③ 将被测对象接在 R_x 接线柱 6 和插座端 7，被测体的电源屏蔽接在仪器的接地线柱 8 上，被测对象的高阻端应接在插座的电极上。

④ 将电表“+”“−”极性开关 3 放在“+”的一边。

⑤ 将测试电压选择开关 11 置于所需的测试电压位置上。

⑥ 将“倍率选择”旋钮开关 10 置于所需位置（在不了解测试值的数量的情况下，倍率应从最低次方开始选择）。

⑦ 将“放电测试”开关 5 放到“测试”位置，打开输入短路开关 9 读出欧姆数乘以倍率再乘以测试电压所指系数即为测得值。

⑧ 测试完毕，切断电源，去除各种连接线。

五、数据处理

1. 体积电阻系数 ρ_v

测定记录及计算。实验记录填入表 6-1。

表 6-1　实验数据记录

试样号	电极面积/mm²	板厚度/mm	测试电压/V	倍率	充电时间/s	R_v/Ω	ρ_v/Ω·cm

计算公式：

$$\rho_v=R_v\frac{S}{d}\tag{6-3}$$

式中，ρ_v为体积电阻系数，Ω·cm；R_v为体积电阻，Ω；d为试样厚度，cm；$S=\pi r^2$为测量电极面积，本仪器为19.3cm^2。

2. 表面电阻系数 ρ_s

测定记录及计算。实验记录填入表6-2。

表6-2 实验数据记录

试样号	电极/mm		测试电压/V	倍率	充电时间/s	R_s/Ω	ρ_s/Ω
	D_1	D_2					

计算公式：

$$\rho_s = R_s \frac{2\pi}{\ln \frac{D_2}{D_1}} \tag{6-4}$$

式中，ρ_s为表面电阻系数，Ω；R_s为表面电阻，Ω；D_1为测量电极直径，cm；D_2为保护电极的内径，cm；本仪器$\frac{2\pi}{\ln \frac{D_2}{D_1}}$为一定值，其值为80。

六、注意事项

1. 本实验仪器一般情况下不能用来测量一端接地试样的绝缘电阻。

2. 每完成一个试样测试后，务必先将方式选择开关拨向放电位置，几分钟后方可取出试样，以免受测试系统电容器中残余电荷的电击。

3. 在进行体积电阻和表面电阻测量时，应先测体积电阻，再测表面电阻，反之会由于材料被极化而影响体积电阻。

4. 测试时，人体不能触及仪器的高压输出端及其连接物，以防高压触电危险。同时仪器高压端也不能碰地，避免造成高压短路。

七、思考题

1. 电极材料、尺寸和安装对测试结果有什么影响?

2. 测量电阻的选择对测量结果有什么影响?

第七章　聚合物乳液的性质

实验二十四　动态光散射法测定聚合物乳液的粒径及其分布

动态光散射（Dynamic Light Scattering，DLS），也称光子相关光谱（Photon Correlation Spectroscopy，PCS）、准弹性光散射（Quasi-Elastic Scattering），用于测量光强的波动随时间的变化。DLS 技术测量粒子粒径，具有准确、快速、可重复性好等优点，已经成为纳米科技中比较常规的一种表征方法。随着仪器的更新和数据处理技术的发展，现在的动态光散射仪器不仅具备测量粒径的功能，还具有测量 Zeta 电位、大分子的分子量等的能力。因此，被广泛地应用于描述各种各样的微粒系统，包括合成聚合物（如乳液、PVC 等）、水包油、油包水型乳剂、囊泡、胶束、生物大分子、颜料、染料、二氧化硅、金属溶胶、陶瓷和无数其他胶体悬浮液和分散体。

一、实验的目的与要求

1. 了解动态光散射仪（DLS）测定乳液的粒径的原理。
2. 掌握动态光散射仪（DLS）测定乳液的粒径的实验方法及仪器的操作步骤。

二、实验原理

1. 动态光散射的基本原理

动态光散射仪测量光强的波动随着时间的变化规律，其基本原理如图 7-1 所示。如果粒子处于无规则的布朗运动中，则散射光强度在时间上表现为在平均光强附近的随机涨落，它是由于从各个散射粒子发出的散射光场相干叠加而成的。悬浮液中的颗粒由于受到了周围进行布朗运动分子的不断撞击，而不停地进行随机运动，在激光的照射下，运动颗粒的散射光强也将产生随机的波动。而且，波动的频率与颗粒的大小有关，在一定角度下，颗粒越小，涨落越快。动态光散射技术就是通过对这种涨落变化快慢的测量和分析，反映这种变化的颗粒粒径信息。

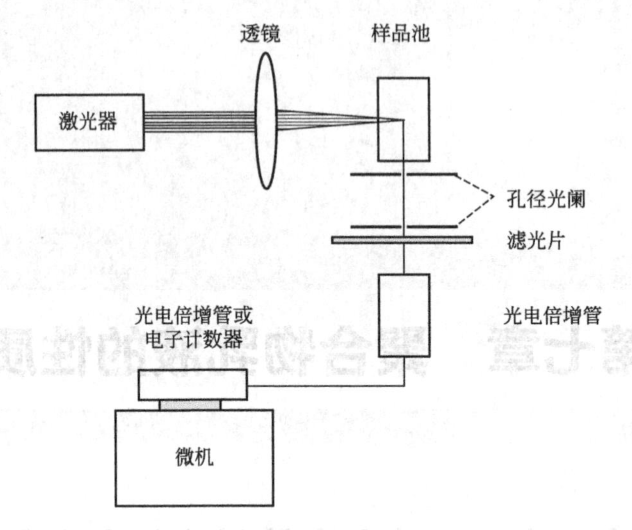

图 7-1　动态光散射系统原理图

(1) 粒子的布朗运动（Brownian motion）导致光强的波动　微小粒子悬浮在液体中会无规则地运动，布朗运动的速度依赖于粒子的大小和粒子所在介质（例如溶液，包括水、有机溶剂等）的黏度，粒子越小，媒体黏度越小，布朗运动越快。

(2) 光信号与粒径的关系　光通过胶体时，粒子会将光散射，在一定角度下可以检测到光信号，所检测到的信号是多个散射光子叠加后的结果，具有统计意义。瞬间光强不是固定值，在某一平均值下波动，但波动振幅与粒子粒径有关。某一时间的光强与另一时间的光强相比，在极短时间内，可以认为是相同的，我们可以认为相关度为 1，在稍长时间后，光强相似度下降，时间无穷长时，光强完全与之前的不同，认为相关度为 0。根据光学理论可得出光强相关方程。之前提到，正在做布朗运动的粒子速度，与粒径（粒子大小）相关（Stokes-Einstein 方程）。

大颗粒运动缓慢，小粒子运动快速。如果测量大颗粒，那么由于它们运动缓慢，散射光斑的强度也将缓慢波动。类似地，如果测量小粒子，那么由于它们运动快速，散射光斑的密度也将快速波动。相关关系函数衰减的速度与粒径相关，小粒子的衰减速度大大快于大颗粒的。最后通过光强波动变化和光强相关函数计算出粒径及其分布。

(3) 分布系数（Particle Dispersion Index，PDI）　分布系数体现了粒子粒径均一程度，是粒径表征的一个重要指标。

PDI<0.05：单分散体系，如一些乳液的标样。

PDI<0.08：近单分散体系，但动态光散射只能用一个单指数衰减的方法来分析，不能提供更高的分辨率。

PDI=0.08～0.7：适中分散度的体系。运算法则的最佳适用范围。

PDI>0.7：尺寸分布非常宽的体系，很可能不适合光散射的方法分析。

2. 动态光散射样品要求

(1) 基本要求 样品应该较好的分散在液体媒体中。理想条件下，分散剂应具备以下条件：透明；和溶质粒子有不同的折射率；应和溶质粒子相匹配（不会导致溶胀，解析或者缔合）；掌握准确的折射率和黏度，误差小于0.5%。干净且可以被过滤。

(2) 粒径 粒径下限依赖于：粒子相对于溶剂产生的剩余光散射强度；溶质和溶剂折射率差；样品浓度；仪器敏感度；激光强度和波长；检测器敏感度；仪器的光学构造。粒径上限：动态光散射测量粒子无规则的热运动/布朗运动；若粒子不进行无规则运动，动态光散射无法提供准确粒径信息。粒子尺寸的上限定义于沉淀行为的开始，因此上限取决于样品，应考虑粒子和分散剂的密度。

(3) 浓度 对于高浓度样品，由动态光散射测得的表观尺寸可能会受到以下不同因素的影响。①多重光散射，检测到的散射光经过多个粒子散射；②扩散受限，其他粒子的存在使得自由扩散受到限制；③聚集效应，依赖于浓度的聚集效应；④应电力作用，带电粒子的双电层相互重叠，因而粒子间有不可忽视的相互作用，这种相互作用将影响平移扩散。因此，待测样品的浓度不宜过高。根据待测样品的粒径大小，其浓度推荐值如表7-1所示（假定待测液体的密度为$1g/cm^3$）。

表7-1 待测样品的粒径范围及推荐浓度范围

粒径范围	最小浓度	最大浓度
<10nm	0.5g/l	取决于粒子间相互作用、聚集状态等
10～100nm	0.1mg/l	5%(质量分数)
100nm～1μm	0.01g/l(约10^{-3}%,质量分数)	1%(质量分数)
>1μm	0.1g/l(约10^{-2}%,质量分数)	1%(质量分数)

三、实验仪器与试样

(1) 仪器：动态光散射仪（Malvern Zetasizer Nano ZS-90）。

(2) 试样：苯丙乳液样品。

四、实验步骤

① 样品制备：样品浓度为加入样品池后呈半透明为好，加入量为液面在样品池条纹区域下端附近为好。样品池必须加盖，保证外表面干净，不容许有溶剂存在。

② 打开电脑，打开Malvern粒度仪，双击桌面Zetasizer Software图标，打开测试软件。

③ 待仪器按钮由五彩色变为绿色（仪器会响三声），轻按仪器按钮，盖子弹起，手持样品池上端（条纹区）将样品池插入样品槽中，标有“▽”的那面正对自己，然后关上盖子。

④ 选择 File→New→Measurement File，建立测量文件，给文件命名。软件界面如图 7-2 所示。

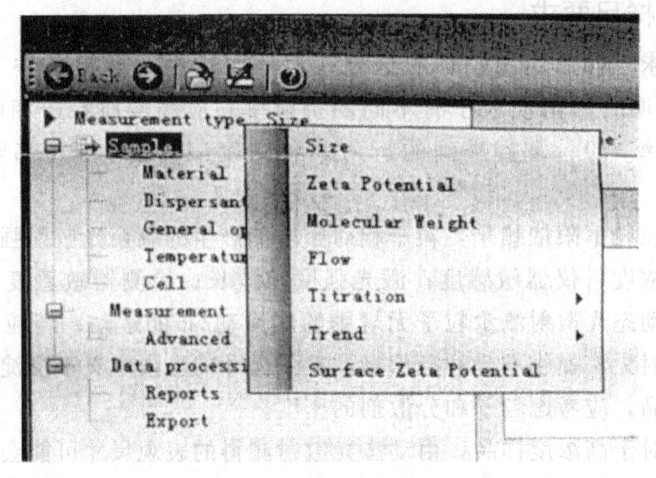

图 7-2 DLS测试软件界面

⑤ 点击测试（Measure)→Manual，出现设置窗口，设置测量参数。Measurement type，表单中选择 Size。

Sample，在 Sample name 栏输入样品名称。

Material，点击 Material 后面的省略号选择测试样品参数（折射率和吸收值与测试样品相当），数据库中没有的样品，需要自己进行添加，点击 Add 键，输入参数后点 OK 即可。

Dispersant，点击 Dispersant 后面的省略号选择分散剂，如果没有也可以点 Add 键进行添加，同上。

Temperature，设定测量温度（一般 25℃）和平衡时间（Equilibration time，一般 30s 足够）。

Cell，在 Cell type 下根据图片选择样品池类型。

Measurement，设置测量次数和测量间隔时间，Measurement duration 一般选择 Automatic 即可，Number of Measurements 最好 3 次或以上，Delay between measurements 一般 3～5s 即可。

点击 OK，出现测量窗口，点击绿色图标 “Start” 开始测试，测试窗口下方的绿色字体会提示设备正在执行的操作。

⑥ 当测试完毕，仪器会发出响声提示测试完成。关闭测试界面，结果自动保存。

五、数据处理

测试完毕，记录测试结果（粒径及分布系数），计算多次测试结果的平均值及其标准偏差。

六、注意事项

1. 样品制备过程中应保持洁净，避免灰尘进入，样品溶液在测试之前应该先过滤。

2. 样品浓度应适当，一般在0.1%～1%。

3. 对于稳定性好的样品可直接测量，稳定性差的样品测之前应先超声再静置。

4. 测试过程中应注意观察相关曲线（Correlation Function），避免噪声的影响。

七、思考题

1. 动态光散射仪（PCS）测定乳液的粒径实验对样品有哪些要求？

2. 连续测试过程中，光强的变化及多次测试结果的Z-均直径发生改变说明什么问题？

实验二十五　聚合物乳液表面张力的测定

在研究聚合物乳液时，常常需要测定乳液及用于制备乳液的各种原料的表面张力。常用于测定表面张力的方法有毛细管上升法、最大气泡压力法、珠滴重量法、吊环法以及Ⅱ形丝法等。其中，后三种方法适合测定乳液的表面张力。现以吊环法为例作简单介绍，该法具有精度高、操作简便的特点。

一、实验目的与要求

1. 了解吊环法测定乳液表面张力的原理。
2. 掌握吊环法测定乳液表面张力的实验方法及仪器的操作步骤。

二、实验原理

1. 表面张力

为什么会产生表面张力？原因在于表面层分子与相本体内的分子具有不同的受力情况。以水为例，对于水体系内部的一个水分子而言，受到周围水分子对它的作用力，合力为零；若以表面层的一个水分子为研究对象，上层空间气相分子对它的吸引力小于内部液相分子对它的吸引力，所受合力不等于零，合力方向垂直指向液体内部。这种表面层中任何两部分间的相互牵引力，促使了液体表面层具有收缩的趋势。所以说，表面张力是分子间作用力的一种表现。它发生在液体和气体接触时的边界部分，是垂直作用于液体表面单位长度的收缩力，使液体表面趋于尽可能缩小，所以空气中的小液滴往往呈球状。

2. 吊环法测定表面张力

将铂金圆环侵入被测液体中，当被测液体向下移动其表面与圆环有一定距离 h 后，圆环与液体间形成一圈薄膜。圆环受到液体向下的拉力，被测液体继续向下移动 Δh 距离时薄膜破裂，此时圆环所受拉力为零。

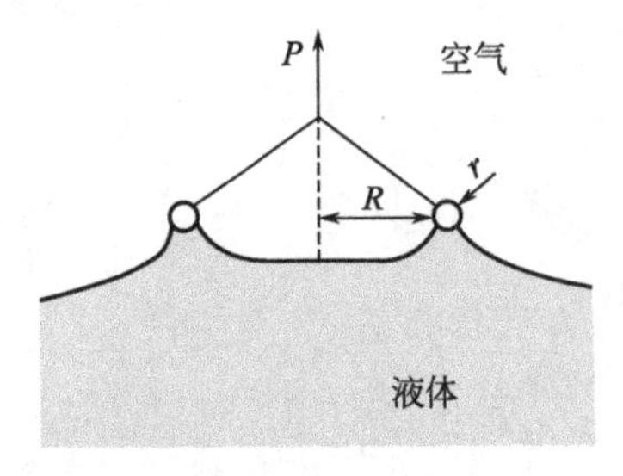

图 7-3　圆环从液面拉脱剖面图

在薄膜即将破裂的瞬间，圆环受一最大拉力 P，如图 7-2 所示。该最大拉力的大小等于吊环自身重量加上表面张力与被脱离液面周长的乘积。

$$P=W_{吊}+2\pi R\gamma+2\pi(R+2r)\gamma \tag{7-1}$$

$R\gg r$ 时，上式可简化为：

$$P=W_{吊}+4\pi R\gamma \tag{7-2}$$

式中，$W_{吊}$ 为吊环的重量；R 为吊环的半径；r 为吊环丝的半径；γ 为液体的表面张力。

令表面作用力 $F=P-W_{吊}$，则 $F=4\pi R\gamma$。由此可计算出表面张力 γ。

考虑到环在拉脱位置受到的表面张力方向并非是严格的竖直方向，而且难以考量与环接触液体的复杂形状的影响，该方法存在一定的测量误差。一般会对计算得到的表面

张力γ进行修正，即

$$\gamma=\frac{F}{4\pi R}\times f \tag{7-3}$$

式中，f为校正因子，是R^3/V和R/r的函数，可查阅手册；其中V是圆环拉起的液体的体积，R是环的半径，r是环丝的半径。

吊环法测定表面张力的精确度在1%以内，优点是测量快，用量少，计算简单。缺点是控制温度困难。对易挥发性液体常因部分挥发使温度较室温略低。

三、实验仪器与试样

（1）仪器：SFT-A1型表面张力仪，北京哈科试验仪器厂。

测定范围：0～1000mN/m

测试精度：±1%mN/m F. S.

读数精度：±0.1mN/m

温度显示精度：±0.1℃

（2）试样：聚合物乳液。

四、实验步骤

1. 仪器准备

① 调整仪器水平螺母至仪器处于水平状态。

② 用石油醚清洗铂环，随后用丁酮漂洗，最后用酒精灯氧化火焰灼烧圆环部分(注：如取下铂环进行清洗时，应首先关闭仪器电源，然后再取下铂环)。

③ 用二次蒸馏水、重铬酸钾、石油醚、二次蒸馏水依次清洗试样皿，随后倒置于吸纸上，放进70℃烘箱烘干，冷却至室温备用。

2. 测定步骤

① 打开仪器总电源开关，开关上的红色指示灯亮。进入开机界面。

② 双击软件app图标，按下传感器启动开关，显示0.000g表示天平正常工作，屏幕界面显示OK。反之，显示ERROR。

③ 点击实验方法“吊环法”进入界面。

④ 点击“数据分析”，根据所提供的铂环及被测试样，建立参数，点击“应用”。如表7-2所示。

表7-2　吊环法实验参数选取及设置

按键	名称	单位	最小值	最大值	初始值	输入值
r_0	铂环半径	mm	8.000	11.99	9.500	
r_1	铂丝半径	mm	0.200	0.399	0.300	
ρ_0	重相密度	g/ml	0.023	1.499	1.000	
ρ_1	轻相密度	g/ml	0.001	0.999	0.023	

⑤ 将一定量的待测样注入洗净的试样皿中，点击“上升”，使吊环距离待测液体液面3mm左右；按下“清零”，听到嘟的一声表明清零完成。

⑥ 点击“实验”，嘟一声后开始实验；实验完成后，显示作用在圆环上力的变化曲线以及试样的表面张力值。记录相关数据。

⑦ 测试完成后，清洗仪器及吊环，关闭仪器。

五、数据处理

试样的界面张力（mN/m）按式(7-4) 计算：

$$\gamma = Ma \tag{7-4}$$

式中，M 为仪器测得作用在环上的最大力，mN/m；a 为系数，按式(7-5) 计算。

$$a = 0.7250 + \sqrt{\frac{0.03678M}{r_0^2(\rho_0 - \rho_1)} + b} \tag{7-5}$$

$$b = 0.04543 - 1.679 \times \frac{r_1}{r_0} \tag{7-6}$$

式中，ρ_0 为重相在 25℃时的密度，g/ml；ρ_1 为轻相在 25℃时的密度，g/ml；r_0 为铂环的平均半径，mm；r_1 为铂丝的半径，mm；b 为常数，按式(7-6) 计算。

六、注意事项

1. 表面张力是一种物质在某特定状态下的特性，称为本征表面张力。它与界面两相物质的性质、温度等相关，所以在测定结果后要注明实验时的状态。

2. 采用吊环法测定乳液的表面张力时，务必检查环的状态是否正常。若圆环非水平、或者环镫并非垂直于环平面，均会使表面张力的测量结果不准确。

3. 必要时，需对仪器进行校正。具体方法如下：点击天平功能键弹出对话框，先点击“去皮”键，发出“嘟”声，然后点击“校准”键，将 200g 砝码放置天平托盘上，屏幕显示 200g，并发出“嘟”声，即表示校准完毕。去除砝码，按“去皮”键，天平显示 0.000g（一定要等“嘟”声后才能去除砝码，否则将出现键盘锁定现象，必须按开关键重新恢复）。

七、思考题

1. 什么是表面张力？简述液体的表面张力产生的原因及作用效果。
2. 影响液体表面张力的因素有哪些？
3. 本实验操作中，误差来源可能在哪些方面？应如何避免？

实验二十六　旋转黏度计测定聚合物乳液的黏度

按照流体力学的观点，流体可分为理想流体和实际流体两大类。理想流体在流动时无阻力，称为非黏性流体；实际流体流动时有内摩擦力，称为黏性流体。根据作用于流体上的剪切应力与剪切速率之间的关系，黏性流体又分为牛顿流体和非牛顿流体。研究流体的流动特性，对聚合物加工工艺方面具有很强的指导意义。聚合物乳液是乳胶涂料和乳液型胶黏剂等乳液产品的重要组分来源，其流变性能极大地影响到最终产品的应用特性。旋转黏度计可用于测定聚合物乳液的黏性流动行为，便于后续产品工艺的调整。

一、实验目的与要求

1. 学习使用 NDJ-8S 型旋转黏度计测定聚合物流体的黏度。
2. 掌握聚合物流体流变性能的相关知识。

二、实验原理

旋转黏度计在工作时，程控电动机根据程序给定的转速带动转轴稳定旋转，通过游丝再带动标准转子旋转，其剖面图如图 7-4 所示。当转子在某种液体中旋转时，由于液体的黏滞性，转子就受到一个与黏度成正比的扭力，使游丝扭转一定角度。转速达到稳定时，转子受到的黏性力矩与游丝恢复力矩平衡，此时转子也以转速 ω_0 旋转，而转子与电动机主轴相对错移了角度 θ（即游丝扭转角）。通过游丝扭转角的测定，就可得到液体的黏度。

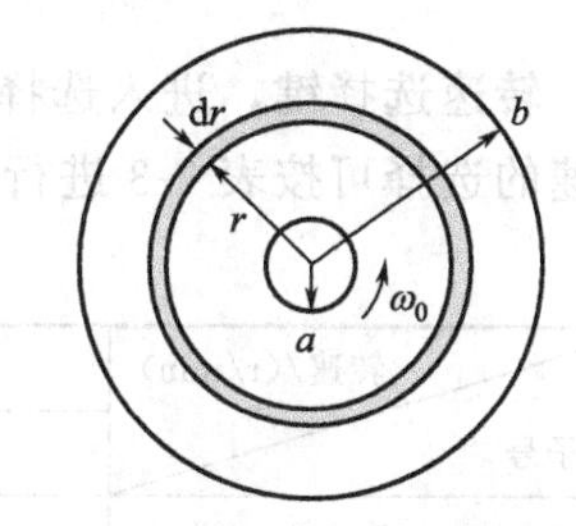

图 7-4　黏度计俯视剖面图液体产生黏滞力矩情况

在转子转速不太高的情况下，液体保持很好的分层流动。流速从内向外，逐层降低。作用在半径为 r 的同心圆柱面液层上，力矩为：

$$M=Fr=(\tau S)r=\left(\eta\frac{\mathrm{d}\omega}{\mathrm{d}r}\right)\times 2\pi r^2 lr=2\pi r^3 l\eta\frac{\mathrm{d}\omega}{\mathrm{d}r} \tag{7-7}$$

式中，M 为流体作用在转子上的黏滞力矩；F 为流层间的剪切力；τ 为流层间的剪切应力；S 为剪切面积；l 为转子浸入流体的深度；η 为被测流体的黏度。

由于液体处于稳定流动状态，各流层均以各自稳定的角速度旋转，液层之间相互作用的力矩相等，且都等于转子所受的游丝弹性回复力矩 $D\theta$，其中 D 为游丝的扭转模量。

$$2\pi r^3 l\eta\frac{\mathrm{d}\omega}{\mathrm{d}r}=D\theta \tag{7-8}$$

积分，得：

$$2\pi\eta l\int_0^{\omega_0}\mathrm{d}\omega=D\theta\int_a^b\frac{1}{r^3}\mathrm{d}r \tag{7-9}$$

由于 $b\gg a$，故 $\eta=\dfrac{D\theta}{4\pi l\omega_0 a^2}$。令 $k=\dfrac{D}{4\pi l\omega_0 a^2}$，若不考虑转子上下两端面所受到黏

性力矩的作用，得到被测流体的黏度：

$$\eta=k\theta \tag{7-10}$$

三、实验仪器与试样

（1）仪器：NDJ-8S型旋转黏度计，如图7-5所示。

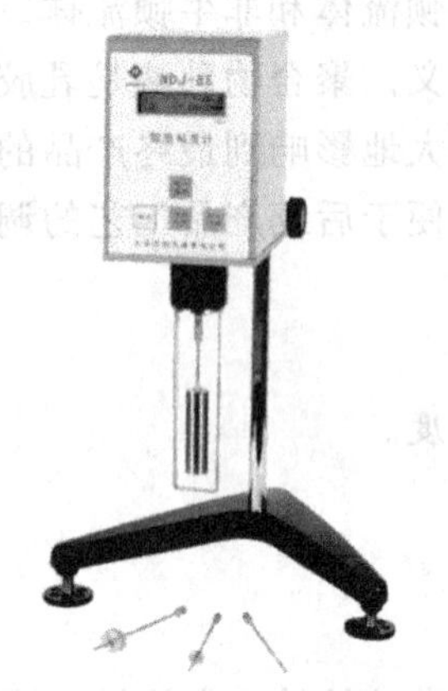

图7-5 NDJ-8S型旋转黏度计

测量范围：10～100000mPa·s；

测量精度：±1%。

（2）试样：聚合物流体（聚合物溶液或乳液等）。

四、实验步骤

① 准备好被测试样，倒入直径不小于60mm的烧杯或平底容器中，正确控制被测液体的温度。

② 将仪器保护架逆向旋入仪器下端头上，然后将转子逆时针旋入仪器万向接头上。

③ 旋转升降钮使转子缓慢浸入被测液体，直至转子液面标志与液面呈一平面。

④ 开启仪器电源开关，进入等待选择状态。按转子、转速选择键，进入选择状态，选择指定的转子及转速，按确认键确认。仪器转子和转速的选择可按表7-3进行。

表7-3 NDJ-8S型旋转黏度计量程表

转速/(r/min) 转子号	60	30	12	6
	满量程值/mPa·s			
0	10	20	50	100
1	100	200	500	1000
2	500	1000	2500	5000
3	2000	4000	10000	20000
4	10000	20000	50000	100000

对于未知样品的黏度测量，首先应估算样品的黏度值。当估计不出被测流体的大致黏度时，应假定被测样品为较高的黏度，试用表面积由小到大的转子和由慢到快的转速。

⑤ 按启动键开始实验，待读数稳定后记录。

⑥ 按停止键终止实验，待转子完全停止转动后关闭电源。必要时，更换转子、转速进行测量。

⑦ 洗净转子，清洗容器，清理实验台，将相关配件放入箱中，妥善保管。

五、数据处理

聚合物流体中很多都是非牛顿液体，其表观黏度值随着剪切速率的变化而变化，需在不同的剪切速率条件下测定其黏度，以判定其流体类型。

① 记录不同转速下黏度计的读数于表 7-4 中。

表 7-4 旋转黏度计实验数据记录表

编 号	1	2	3	4
转速/(r/min)				
黏度计读数/mPa·s				
扭矩百分比/%				

② 根据记录的数据作图，讨论该试样属于何种类型的流体。

六、注意事项

1. 实验过程需保证被测试样品的温度恒定，波动在±0.1℃以内。

2. 关注扭矩百分比的数值。当显示的数值过高或过低时，应变换转子或转速，使扭矩百分比处于10%～80%之间为佳，否则会影响测量精度。

3. 装卸转子时应小心操作，将万向接头微微向上抬起，不可用力过大，不要让转子横向受力。切不可将转子向下拉，避免损坏轴尖。

七、思考题

1. 牛顿流体与非牛顿流体的主要区别是什么？
2. 聚合物流体的黏度受到那些因素的影响？
3. 若不知待测试样黏度，如何选取合适的转子？

附录 常用聚合物的基本数据

附录一 常见结晶性聚合物的密度

聚合物	ρ_c/(g/cm³)	ρ_a/(g/cm³)	聚合物	ρ_c/(g/cm³)	ρ_a/(g/cm³)
高密度聚乙烯	1.00	0.85	聚氧化丙烯	1.15	1.00
聚丙烯(全同)	0.95	0.85	聚正丁醚	1.18	0.98
聚丁烯	0.95	0.86	聚六甲基丙酮	1.23	0.98
聚丁二烯	1.01	0.89	尼龙 6	1.23	1.08
聚异戊二烯(顺式)	1.00	0.91	尼龙 66	1.24	1.07
聚异戊二烯(反式)	1.05	1.00	尼龙 610	1.19	1.04
聚戊烯	0.94	0.84	聚对苯二甲酸乙二酯	1.46	1.33
聚苯乙烯	1.13	1.05	聚碳酸酯	1.31	1.20
聚氯乙烯	1.52	1.39	聚甲基丙烯酸甲酯	1.23	1.17
聚偏二氯乙烯	1.95	1.66	聚乙烯醇	1.35	1.26
聚三氟氯乙烯	2.19	1.92	聚偏氟乙烯	2.00	1.74
聚甲醛	1.54	1.25	聚乙炔	1.15	1.00
聚四氟乙烯	2.35	2.00	聚异丁烯	0.94	0.86
聚氧化乙烯	1.33	1.12			

附录二　水的密度和黏度

温度/℃	密度/(kg/m^3)	黏度/10^3Pa·s
20	998.20	1.0050
21	997.99	0.9810
22	997.77	0.9579
23	997.53	0.9358
24	997.29	0.9142
25	997.04	0.8937
26	996.78	0.8737
27	996.51	0.8545
28	996.23	0.8360
29	995.94	0.8180
30	995.64	0.8007
31	995.34	0.7840
32	995.02	0.7679
33	994.70	0.7523
34	994.37	0.7371
35	994.03	0.7225
36	993.68	0.7085
37	993.32	0.6947
38	992.96	0.6814
39	992.59	0.6685
40	992.27	0.6560
41	991.82	0.6439
42	991.43	0.6321
43	991.03	0.6207
44	990.62	0.6097
45	990.20	0.5988

附录三 聚合物特性黏数-分子量关系参数

聚合物	溶剂	温度/℃	$K\times10^2$ /(ml/g)	α	分子量范围 $M/\times10^{-3}$	测定方法
聚乙烯(高压)	十氢萘	70	6.8	0.675	200 以内	O
	二甲苯	105	1.76	0.83	11.2～180	O
聚乙烯(低压)	α-氯萘	125	4.3	0.67	48～950	L
	十氢萘	135	6.77	0.67	30～1000	L
聚丙烯	十氢萘	135	1.00	0.80	100～1100	L
	四氢苯	135	0.80	0.80	40～650	O
聚异丁烯	环已烷	30	2.76	0.69	37.8～700	O
聚丁二烯	甲苯	30	3.05	0.725	53～490	O
聚异戊二烯	苯	25	5.02	0.67	0.4～1500	O
聚苯乙烯(无规)	苯	20	1.23	0.72	1.2～540	L,S,D
	环已烷	35	7.6	0.5	40～1370	L
	甲苯	30	0.92	0.72	40～1400	L
	四氢呋喃	25	1.6	0.706	>3	L
聚苯乙烯(等规)	甲苯	25	1.7	0.69	3.3～1700	L
聚氯乙烯	环已酮	25	0.204	0.56	19～150	O
聚甲基丙烯酸甲酯	丙酮	20	0.55	0.73	40～8000	S,D
	苯	20	0.55	0.76	40～8000	S,D
聚乙酸乙烯酯	丁酮	25	4.2	0.62	17～1200	O,S,D
聚乙烯醇	水	30	6.62	0.64	30～120	O
聚丙烯腈	二甲基甲酰胺	25	3.92	0.75	28～1000	O
尼龙 6	甲酸(85%)	20	7.5	0.70	4.5～16	E
尼龙 66	甲酸(90%)	25	11	0.72	6.5～26	E
醋酸纤维素	丙酮	25	1.49	0.82	21～390	O
硝基纤维素	丙酮	25	2.53	0.795	68～224	O
乙基纤维素	乙酸乙酯	25	1.07	0.89	40～140	O
聚二甲基硅氧烷	苯	20	2.00	0.78	33.9～114	L
聚甲醛	二甲基甲酰胺	150	4.4	0.66	89～285	L
聚碳酸酯	氯甲烷	20	1.11	0.82	8～270	S,D
	四氢呋喃	20	3.99	0.70	8～270	S,D
聚对苯二甲酸乙二酯	苯酚-四氯化碳 (1∶1)	25	2.10	0.82	5～25	E
聚环氧乙烷	水	30	1.25	0.78	10～100	S,D

注：1. 溶度单位为 g/ml。

2. 测定方法为，E—端基分析法；O—渗透压法；L—光散射法；S，D—超速离心沉降和扩散法。

附录四　聚合物的常用溶剂

聚合物	溶　剂	聚合物	溶　剂
聚乙烯	十氢萘，四氢萘，1-氯萘（均在130℃以上），二甲苯	聚三氟氯乙烯	邻次氯苄基三氟（120℃以上）
聚丙烯	十氢萘，四氢萘，1-氯萘（均在130℃以上）	聚氟乙烯	环已酮，二甲亚砜，二甲基甲酰胺（均在110℃以上）
聚异丁烯	醚，汽油，苯	聚偏氟乙烯	二甲亚砜，二氧六环
聚苯乙烯	苯，氯仿，二氯甲烷，醋酸丁酯，二甲基甲酰胺，甲乙酮，吡啶	ABS	二氯甲烷
聚氯乙烯	四氢呋喃，环已酮，二甲基甲酰胺，氯苯	苯乙烯-丁二烯共聚物	醋酸乙酯，苯，二氯甲烷
氯化聚乙烯	丙酮，醋酸乙酯，苯，氯仿，甲苯，二氯甲烷，四氢呋喃，环已酮	氯乙烯-醋酸乙烯共聚物	二氯甲烷，四氯呋喃，环已酮
聚乙烯醇	甲酰胺，水，乙醇	天然橡胶	卤代烃，苯
聚醋酸乙烯	芳香烃，氯代烃，酮，甲醇	聚丁二烯	苯，正己烷
聚乙烯醇缩醛	四氢呋喃，酮，酯	聚氯丁二烯	卤代烃，甲苯，二氧六环，环已酮
聚丙烯酰胺	水	聚氧化乙烯	醇，卤代烃，水，四氢呋喃
聚丙烯腈	二甲基甲酰胺，二氯甲烷，羟乙腈	聚甲醛	二甲亚砜，二甲基甲酰胺（150℃）
聚丙烯酸酯	芳香烃，卤代烃，酮，四氢呋喃	氯代聚醚	环已酮
聚甲基丙烯酸酯	芳香烃，卤代烃，酮，二氧六环	聚环氧氯丙烷	环已酮，四氢呋喃
聚对苯二甲酸乙二酯	苯酚-四氯化碳，二氯乙酸	聚氨酯	二甲基甲酰胺，四氢呋喃，甲酸，乙酸乙酯
聚对苯二甲酸丁二酯	苯酚-四氯化碳	醇酸树脂	酯，卤代烃，低级醇
聚碳酸酯	环已酮，二氯甲烷，甲酚	环氧树脂	醇，酮，酯，一氧六环
聚芳酯	苯酚-四氯化碳，四氯化碳	硝酸纤维素	酮，醇-醚
聚酰胺	甲酸，甲酚，苯酚-四氯化碳	醋酸纤维素	甲酸，冰醋酸
聚四氟乙烯	—		

附录五　常用溶剂的溶度参数

溶剂	溶度参数 δ /(J/cm^3)$^{1/2}$	溶剂	溶度参数 δ /(J/cm^3)$^{1/2}$	溶剂	溶度参数 δ /(J/cm^3)$^{1/2}$
二异丙醚	14.3	乙酸乙酯	18.6	吡啶	21.9
正戊烷	14.4	1,1-二氯乙烷	18.6	苯胺	22.1
异戊烷	14.4	甲基丙烯腈	18.6	二甲基乙酰胺	22.7
正己烷	14.9	苯	18.7	硝基乙烷	22.7
正庚烷	15.2	三氯甲烷	19.0	环已醇	23.3
二乙醚	15.1	丁酮	19.0	正丁醇	23.3
正辛烷	15.4	四氯乙烯	19.2	异丁醇	23.9
环已烷	16.8	甲酸乙酯	19.2	正丙醇	24.3
甲基丙烯酸丁酯	16.8	氯苯	19.4	乙腈	24.3
氯乙烷	17.4	苯甲酸乙酯	19.8	二甲基甲酰胺	24.8
1,1,1-三氯乙烷	17.4	二氯甲烷	19.8	乙酸	25.8
乙酸戊酯	17.4	顺式二氯乙烯	19.8	硝基甲烷	25.8
四氯化碳	17.6	1,2-二氯乙烷	20.1	乙醇	26.0
正丙苯	17.7	乙醛	20.1	二甲基亚砜	27.4
苯乙烯	17.7	萘	20.3	甲酸	27.6
甲基丙烯酸甲酯	17.8	环已酮	20.3	苯酚	29.7
乙酯乙烯酯	17.8	四氢呋喃	20.3	甲醇	29.7
对二甲苯	17.9	二氯化碳	20.5	碳酸乙烯酯	29.7
二乙基酮	18.0	二氧六环	20.5	二甲基砜	29.9
间二甲苯	18.0	溴苯	20.5	丙二腈	30.9
乙苯	18.0	丙酮	20.5	乙二醇	32.1
异丙苯	18.1	硝基苯	20.5	丙三醇	33.8
甲苯	18.2	四氯乙烷	21.3	甲酰胺	36.4
丙烯酸甲酯	18.2	丙烯腈	21.4	水	47.3
邻二甲苯	18.4	丙腈	21.9		

附录六　常见聚合物的溶度参数

聚合物	溶度参数 $\delta/(J/cm^3)^{1/2}$	聚合物	溶度参数 $\delta/(J/cm^3)^{1/2}$
聚甲基丙烯酸甲酯	18.4～19.4	聚四氟乙烯	12.7
聚丙烯酸甲酯	20.1～20.7	聚三氟氯乙烯	14.7
聚乙酸乙烯酯	19.2	聚氯乙烯	19.4～20.5
聚乙烯	16.2～16.6	聚偏氯乙烯	25.0
聚苯乙烯	17.8～18.6	聚氯丁二烯	16.8～19.2
聚异丁烯	15.8～16.4	聚丙烯腈	26.0～31.5
聚异戊二烯	16.2～17.0	聚甲基丙烯腈	21.9
聚对苯二甲酸乙二酯	21.9	硝酸纤维素	17.2～23.5
聚己二酸己二胺	25.8	聚丁二烯/丙烯腈 82/18	17.8
聚氨酯	20.5	聚丁二烯/丙烯腈 75/25～70/30	18.9～20.3
环氧树脂	19.8～22.3	聚丁二烯/丙烯腈 61/39	21.1
聚硫橡胶	18.4～19.2	聚乙烯-丙烯橡胶	16.2
聚二甲基硅氧烷	14.9～15.5	聚丁二烯/苯乙烯 85/15～87/13	16.6～17.4
聚苯基甲基硅氧烷	18.4	聚丁二烯/苯乙烯 75/25～72/28	16.6～17.6
聚丁二烯	16.6～17.6	聚丁二烯/苯乙烯 64/40	17.8

附录七 聚合物-溶剂间的相互作用参数 χ_1

聚合物	溶剂	温度/℃	χ_1
聚异丁烯	环己烷	27	0.44
	苯	27	0.50
聚苯乙烯	甲苯	27	0.44
	月桂酸乙酯	25	0.47
聚氯乙烯	磷酸三丁酯	53	−0.65
		76	−0.53
	四氢呋喃	27	0.14
	硝基苯	53	0.29
		76	0.29
	硝基甲烷	53	0.44
		76	0.42
	丙酮	27	0.63
		53	0.60
	丁酮	53	1.74
		76	1.58
天然橡胶	苯	25	0.44
	四氯化碳	15～20	0.28
	氯仿	15～20	0.37
	二硫化碳	25	0.49
	乙酸戊酯	25	0.49

附录八 聚合物的玻璃化转变温度 T_g

聚合物	T_g/℃	聚合物	T_g/℃
线型聚乙烯	−68	聚丙烯酸甲酯	3
全同聚丙烯	−10	聚丙烯酸	106
无规聚丙烯	−20	无规聚甲基丙烯酸甲酯	105
顺式聚异戊二烯	−73	间规聚甲基丙烯酸甲酯	115
反式聚异戊二烯	−60	等规聚甲基丙烯酸甲酯	45
聚乙烯咔唑	208	聚甲基丙烯酸乙酯	65
聚甲醛	−83	聚甲基丙烯酸正丙酯	35
聚氧化乙烯	−66	聚甲基丙烯酸正丁酯	21
聚 1-丁烯	−25	聚甲基丙烯酸正已酯	−5
聚 1-戊烯	−40	聚甲基丙烯酸正辛酯	−20
聚 1-已烯	−50	聚氯乙烯	87
聚 1-辛烯	−65	聚氟乙烯	40
聚二甲基硅氧烷	−123	聚碳酸酯	150
聚苯乙烯	100	聚对苯二甲酸乙二酯	69
聚 α-甲基苯乙烯	192	聚对苯二甲酸丁二酯	40
聚邻甲基苯乙烯	119	尼龙 6	50
聚间甲基苯乙烯	72	尼龙 66	50
聚对甲基苯乙烯	110	尼龙 610	40
聚己二酸乙二酯	−70	聚苯醚	220
聚辛二酸丁二酯	−57	聚苊烯	264

附录九 结晶聚合物的熔点 T_m

聚合物	T_m/℃	聚合物	T_m/℃
聚乙烯	146	聚氧化乙烯	80
聚丙烯(等规)	200	聚四氯呋喃	57
聚 1-丁烯(等规)	138	聚己二酸癸二酯	79.5
聚 1-戊烯(等规)	130	聚癸二酸乙二酯	76
顺式聚异戊二烯	28	聚癸二酸癸二酯	80
反式聚异戊二烯	74	聚 ε-己内酯	64
顺式聚 1,4-丁二烯	11.5	聚 β-丙内酯	−5
反式聚 1,4-丁二烯	142	聚己内酰胺	270
聚苯乙烯(等规)	243	聚己二酰己二胺	280
聚氯乙烯(等规)	212	聚辛内酰胺	218
聚偏氯乙烯	198	聚癸二酰癸二胺	216
聚偏氟乙烯	210	聚对苯二甲酸乙二酯	280
聚四氟乙烯	327	聚对苯二甲酸丁二酯	230
聚异丁烯	128	聚对苯二甲酸癸二酯	138
聚甲醛	180	聚双酚 A 碳酸酯	295

参 考 文 献

[1] 何曼君，陈维孝，董西侠．高分子物理［M］．修订版．上海：复旦大学出版社，1990.

[2] 杨海洋，朱平平，何平笙．高分子物理实验［M］．第二版．合肥：中国科学技术大学出版社，2008.

[3] 华幼卿，金日光．高分子物理［M］．第四版．北京：化学工业出版社，2013.

[4] 马德柱，何平笙，徐种德．聚合物的结构与性能［M］．第二版．北京：科学出版社，1995.

[5] 闫红强，程捷，金玉顺．高分子物理实验［M］．北京：化学工业出版社，2012.

[6] 李谷，符若文．高分子物理实验［M］．第二版．北京：化学工业出版社，2014.

[7] 周智敏，米远祝．高分子化学与物理实验［M］．北京：化学工业出版社，2011.

[8] 郭玲香，宁春花．高分子化学与物理实验［M］．南京：南京大学出版社，2014.

[9] 朱诚身．聚合物结构分析［M］．北京：科学出版社，2004.

[10] 何平笙．高聚物的力学性能［M］．合肥：中国科学技术大学出版社，1997.

[11] 过梅丽．高聚物与复合材料的动态力学热分析［M］．北京：化学工业出版社，2002.

[12] 张俐娜，薛奇，莫志深等．高分子物理近代研究方法［M］．武汉：武汉大学出版社，2003.

[13] 钱保功，许观藩，余赋生等．高聚物的转变与松弛［M］．北京：科学出版社，1986.

[14] 董炎明，张海良．高分子科学教程［M］．北京：科学出版社，2004.

[15] 钱人元．高聚物的分子量测定［M］．北京：科学出版社，1958.

[16] 郑昌仁．高聚物分子量及其分布［M］．北京：化学工业出版社，1986.

[17] 周持兴．聚合物流变实验与应用［M］．上海：上海交通大学出版社，2003.

[18] 吴其晔，巫静安．高分子材料流变学［M］．北京：高等教育出版社，2002.

[19] 复旦大学化学系高分子教研组编．高分子实验技术［M］．上海：复旦大学出版社，1983.